U0219432

大米的盛宴

［美］尼莎·卡托纳 著

牟 超 译

青岛出版社

QINGDAO PUBLISHING HOUSE

图书在版编目（CIP）数据

大米的盛宴 / (美) 尼莎·卡托纳 (Nisha Katona)著；牟超译. -- 青岛：青岛出版社，2019.3

ISBN 978-7-5552-7502-2

Ⅰ. ①大… Ⅱ. ①尼… ②牟… Ⅲ. ①大米—食谱Ⅳ. ①TS972.131

中国版本图书馆CIP数据核字(2018)第221288号

书　　名	大米的盛宴
著　　者	[美]尼莎·卡托纳（Nisha Katona）
译　　者	牟　超
出版发行	青岛出版社
社　　址	青岛市海尔路182号（266061）
本社网址	http://www.qdpub.com
邮购电话	13335059110　0532-68068026
责任编辑	贺　林
特约编辑	刘　茜　杨　娟
设计制作	张　骏　阿　卡
制　　版	青岛乐喜力科技发展有限公司
印　　刷	青岛名扬数码印刷有限责任公司
出版日期	2019年4月第1版　2019年4月第1次印刷
开　　本	16开（890毫米×1240毫米）
印　　张	14
字　　数	200 千
书　　号	ISBN 978-7-5552-7502-2
定　　价	88.00元

编校印装质量、盗版监督服务电话：4006532017　0532-68068638
建议陈列类别：生活类·美食类

目　录

1　开启美味的一天
闪耀的早餐

2 轻食

开胃菜、午餐＆夜宵

3 主 菜

来自全世界的梦幻盛宴

4 配菜
超级搭档

完美的甜品

甜蜜的饭后餐食

序　言

"米饭是世界上最好、最营养的，而且毫无疑问，它也是最普遍的主食。"

——乔治斯·奥古斯特·艾斯可菲（1846—1935）

大名鼎鼎的法国名厨艾斯可菲用这样的语言来描述神奇美妙的大米。连名厨都不敢轻视的大米，我们又怎能忽视它呢？

印第安人的米饭恐惧

我之所以撰写这本书，是因为我想要为大米喝彩，为大米正名。对大米，我一直心怀愧疚，因为在以前，我一直很忽视餐桌上的米饭。在我眼里，那不过是餐桌上一份平淡无奇、苍白不起眼的陪衬。可是现在，我不懂，为什么在西方，这一粒粒的粮食只能被视为"二等公民"？为什么米饭要被放在毫无生气的主食菜单？我不懂，为什么米饭只有点缀上花里胡哨、滑稽可笑的颜色，才能出现在印度的筵席上？为什么在西方的成人对米饭的烹饪技巧还困惑不解的时候，东方的小孩就已经能做出香喷喷的米饭？甚至那时候他们还不能清楚地叫出所烹饪食物的名字。

作为一名印度人和米饭恐惧症患者，我就像那些土耳其素食主义者一样，在大米本该出现的最重要场合——厨房里束手束脚。我必须坦承，一直到了30多岁，我才精通米饭烹饪。那时，我刚刚有了自己的小家庭，每天除了上班还要做饭，忙得没有一刻空闲。所以，我极需那种可以完全在我掌控之中的食材——无须翻弄、收拾、去皮，只需要简单的烹饪方法就能做出很棒的主菜。终于，被我找到了，那就是大米。我必须承认，就是在我为自己的小家庭忙乱不堪的时候，我学会了如何烹饪大米。

无须压力，无须过滤，悠闲、轻松应对的食材

一个在非洲工作的朋友告诉了我一个故事，正是这个故事改变了我的无米生活。她告诉我，在她工作的地方燃料非常有限，他们用一杯米，加两杯水，放入锅中煮开，然后将锅放进一个聚苯乙烯箱子，20分钟后饭就煮好了。无须加热，无须搅动，根本不用操心。

听了这番话，我不禁对这种朴实的食材肃然起敬。我想不出还有哪种食材的要求会如此简单，而给予的却如此之多。

大米煮熟后，米粒会膨胀至自身的3倍大小。世界上超过一半的人以它为主食，仅仅依靠大米的产量就可以支撑起世界上一些贫困地区。大米容易烹饪，而且能量不易被消耗。大米就是这样，有耐心、

很友善、不骄傲、不夸耀……它的价值太值得被传颂，而我愿意为大米摇旗呐喊。

不仅仅是因为大米的这些优点，我才会如此歌颂它，还因为大米做起来很快捷，我只需花费很少的时间和精力就能完成让人赞叹不已的可口美食。

对世界上大多数人而言，米饭是他们饮食文化的核心部分。如果我的这番话使人想到了东方国家厨房里的饭锅，那么这些话就有了意义。在那些燃料稀缺的地区，大米是最受欢迎的烹饪食材。在那些地方，有很多张嘴巴等着吃饭。妈妈们背着孩子，用一只手在厨房忙碌。在那种生活条件下，大米就是她们最好的朋友。

在西方，人们认为大米不应该作为主食，主食应该是土豆、小麦和玉米，但其实这些食材没有一个做起来简单的。在这里，我想向你们展示如何熟练烹饪大米，为何我会说大米是厨房里最好操作的主食之一。我们不需要给大米去皮，不需要切剁，不需要无休止的准备工作。你只要把它放在一边，甚至都不需要管，在干燥和密闭的条件下，它能保存很长时间。

精神文化的重要组成

在我的脑海里，有这样一幕：我坐在母亲的膝头，她用手指在一个干净的不锈钢盘子里将米饭捣碎，并细心地加入一些腌制的鱼肉。很快，一个小小的饭团就做好了。她将这小小的饭团放进我的嘴里。时至今日，我依然记得不锈钢盘在斯凯尔默斯代尔的阳光下闪闪发光，母亲灵巧的手指，迅速而轻柔地将一个个小巧美味的饭团塞进我的嘴里。母亲已十分确信我喜欢这样的美味，一个接一个地将指间的美食送入我的口中，而我只需适时地张开嘴，我们之间似乎默契得无须沟通。对很多人来说，包括我在内，关于母爱最早的味道，就是米饭的滋味。

大米的故事还在继续。印度人喜欢用一个个的仪式来标注生活的每一个阶段，而大米总会出现在这些仪式上。在很多给予生命肯定的积极场合，米饭总是作为精神文化的核心出现，几乎与神一样重要。比如婴儿的断奶式（一种印度教仪式），在该仪式上，小宝宝开始吃他（或她）人生中第一口固态食物。当然，这种固态食物是所有印度食物的鼻祖——白米饭。

在病人身体虚弱的时候，给他们最好的食物是米汤，有时也会像做肉汤一样，向里面稍加一点儿盐和切碎的洋葱。当我还是小孩子的时候，在去往印度的航行中，我的肠胃常常会不舒服，这时，米汤就是治疗一切肠胃病的灵丹妙药。

在东方或西方的婚礼上，有时会看到人们大把大把地撒大米的景象。大米象征着强大的生育能力，似乎大家都认为，撒上这些硬硬的碳水化合物颗粒，就有利于生育。在印度，在一对新人第一次踏入新婚家庭的时候，新郎和新娘会向家里供奉神龛的神位进献米饭，期望能够趋吉避凶，家里的财富也能积少成多。

甚至在有人去世的时候，大米也起着重要的作用。我记得在某人去世一周年纪念日上，看过这样一个有关饭团的感人仪式。他们会做一个巨大的饭团献给祭坛上庇佑家庭的神灵，这个饭团代表逝世的那个人。在接受完大家的祝福之后，这个大饭团会被分成很多小饭团。这些小饭团代表家族逝世的祖先，每一个都依次接受大家的祝福。那是沉痛而感人的一幕，那些大大小小的饭团，象征着每一位祖先，每一位祖先都由他们活在世上的子孙们怀念和追忆。

国际化大米盛宴

大米是产自东方的粮食——阳光和水田为水稻的生长提供了良好的环境。用大米做食材，几乎不需要什么准备工作，也不会产生什么垃圾。大米可以做成很多富有创意的食物，如烹煮成颗粒饱满的米饭，磨成粉，烤大米花，做米糊、米汤等。

说实话，成长于一个印度家庭，日复一日，每一顿餐眼前缭绕的总是蒸香米的烟雾，嗅到的总是带着麝香味的蒸锅的味道，我真的感到有些厌倦。或许就是因为这个，我才想到世界各地去看看，其他地方的人是如何烹饪这些碳水化合物的，他们是如何将它置于丰富多彩的饮食文化之中。但是很快我就发现，大米并没有融入斑斓的餐桌盛宴。在大多情况下，人们更倾向于选择白米饭作为一种独立主食。

在中国，我第一次接触到了肠粉，这对我来说绝对不是一道简简单单的菜肴，而是让我欲罢不能的挚爱。它是用米粉做成的一张张晶莹剔透、粉嫩柔滑的凝胶状粉皮。对我而言，那些多种多样的馅料并不是主要的，它们只带给我一些无关紧要的口感。肠粉最主要的魅力就在于那嫩滑甜美的米粉皮，这完全颠覆了大米在我心中的印象。它已完全看不出大米的样子，可又保留了大米甜香的口感。印度的饮食文化里可没有这样柔滑香软的口感。在我眼里，大米在这款主食里已经变得面目全非。即使是现在，如果我带着妈妈去赴宴，桌子上摆满各式各样的小点心，肠粉仍然摆成长长一条放在餐桌的一端。妈妈一定会嘲笑我说，那怎么可能是用大米做的。

我还记得有一次在老挝琅勃拉邦市的夜市经历。那天天气闷热潮湿，很多本地人却在一个前不靠村后不靠店的小摊位前排起了长队。那真是一个再小不过的摊位了，灯火如豆。孩子们却愿意抱着足球在闷热的黑暗中等待，等待着那不知名的东西。摊位里的"薄饼大师"用米粉制作了一个超大的薄如蝉翼的薄饼，在上面撒上一层又一层的炼乳，然后不停地折啊折啊，直到出现一份温热、下垂的信封形状的老挝甜点。

还记得在韩国西归浦市一个不起眼的带遮棚的鱼市场内，我偶然遇到了一位女士。她极力向我推荐美味的辣糍粑——韩国年糕。虽然他们把这种食物称之为"糕"，但在我眼里，它就是手指般粗、软糯、有嚼劲的粗米粉条。韩国人将年糕放在一些鲜红辣味酱汁中一起煮，辛辣的调味汁和不容易被酱汁浸透的米粉棒，形成一种极棒的味觉冲撞。那种味道真是让人胃口大开。

米粉搭配最特别的烤猪肉和越南经典的清淡肉汤，就是烤肉米粉。我曾经到越南河内去上烹饪课，第一节课我们就是学做这道烤肉米粉。从此以后，我就喜欢上了它的味道，坐在起伏不平的街边或者坐在小小的塑料凳上，每天必吃。看来，越南人不仅懂得如何制作米粉，还都有一个相当好的屁股。

出人意料的是，欧洲人对大米尤为喜爱。这个事实着实让我大吃一惊。因为这是拥有各种口味的酵母面包和意大利面并以此为荣的大洲。我开始理解大米的独特魅力，它是如此温和友善。在大量东欧的菜肴里，大米总是配以调好味的猪肉碎作为填充的馅料。我也终于懂了为什么匈牙利年糕只有在配上沙沙的米粒口感时才会变得那么好吃。

当你品尝最精美的意大利烩饭，享受美味带给你的乐趣时，你会认为一切都是值得的。最好的意大利烩饭里往往只有米饭、高汤和调料，以乡村人民的俭朴节约为中心理念。这恰恰是意大利烩饭最迷人的地方。意大利烩饭、帕尔玛干酪和豌豆烩饭被并称为"意大利最受欢迎的食物"。

大米在不同的大洲扮演着不同的角色。在亚洲，它以各种各样不可思议、美妙的形式昂然出现，是整张餐桌的生命和灵魂。而在欧美，它又被当成顺从的陪衬、忠诚的合作伙伴、创意的甜点辅臣。大米让我积极地走遍全世界，因为我想用自己的眼睛去发现世界各地的人们如何创意地烹饪这种食材。不论是在密不透风的大棚市场、祖母的私人厨房，还是在世界各个丰富多彩的路边摊，都有我想要发现的关于大米的烹饪方法。

作为这个星球上最多吃法的食材，我要向大米致敬！对于这种世界上最不可思议的粮食，人们有很多方法来制作各种各样的美食。现在，我只想和大家一起分享其中一些神奇而富有魔力的烹饪方法。

尼 莎

Nisha.

烹 饪 方 法

世界上有 4000 多种稻米。先不要被这个数字吓到，我只会向你们介绍其中应用最广泛的稻米。一般来说，稻米主要是根据米粒的大小来分类的。长粒大米的米粒长而细，煮熟后，米粒蓬松，但黏性较差，颗颗松散。由于长粒米吃水较多，所以能做很好吸附作用的副菜。短粒米和长粒米相比，要短一些，圆一些。那些略微长一些的短粒米适合做西班牙肉菜饭和意大利烩饭，而那些几乎是圆形的短米，自身水分很高，煮熟之后就会黏在一起。

除了上面提到的每种米，当然还有一些其他种类的稻米，如红米等，都有自己的特性。本书对不同的米都有详细的陈述，包括了每种米的烹饪方法，并附有一份示例食谱。欲见详情，请翻到相关的篇章。

糙米（详见 28 页）

巴斯马蒂白香米（印度香米）（详见 46 页）

红米（详见 56 页）

糯米（详见 68 页）

寿司米（详见 88 页）

西班牙海鲜饭稻米（详见 132 页）

意大利调味饭稻米（详见 150 页）

菰米（详见 176 页）

布丁米（详见 190 页）

黑米（详见 218 页）

在本书的每份食谱中，对各个菜肴的准备工作及如何烹饪米饭都进行了详细的说明。在本章有限的篇幅中，我将大致介绍一些大米烹饪的基本原则，从而帮助你掌握一些简单的烹饪手法和技巧。

是否需要淘米？

我之前以为，在做米饭之前，需要淘洗很多遍，直到澄出来的水几乎和清水一样。在亚洲的很多地方，淘米是亘古不变的一个习俗。米粒在水中摇晃搅动，发出"哗啦哗啦"的声音，一遍又一遍。其实，这完全没必要。与其这样浪费时间，不如去洗个茶杯或者干点别的。

有理论认为，在做饭之前淘米，可以洗掉表面多余的淀粉，这样做出来的米饭更白，口感更纯正。经过淘洗后做出来的米饭更松散，黏度也更低。而那些本身就有黏性的米，淘洗也能使其稍微减少黏性，虽然效果真的很轻微。

关于淘米对味道的影响，我曾经非常执着地进行了多次味觉测试，得出的结论：就味道而言，淘不淘米几乎没有什么差别。而我的原始味觉能够感觉到的唯一差别就是：如果之前没有淘过米，那么白米上面有时会有白色浮渣。如果事先淘过，这样的浮渣会少一些。

我必须承认，我一直有淘米的习惯，然而并不是因为这些所谓的淀粉依据。无论是从超市买回来的水果还是蔬菜，我总要清洗一两遍，因为处理加工的人总是会不可避免在上面留下一些痕迹，我只是想把这些痕迹洗掉而已。

要不要浸泡？

除了几个值得注意的食谱以外，本书中大多食谱采用的都是糙米。我在做饭之前是很少泡米的，但是这完全取决于你是否有充足的时间。如果想要泡米，无论如何要将米在冷水中泡足 3 个小时。如果你希望烹饪结束时，加入的水完全被吸收，那么你可以用烹饪所需的水量（2 杯水对一杯米）来泡米，这样在接下来的烹饪时就不需要再添水了。

对我而言，大米的美丽就在于朴实无华、料理起来简单快速，而泡米真的是件很难实现的事。作为一位忙碌的职业妈妈，无论是在厨房还是在生活之中，我总会竭力避免使用那些太耗费时间和精力的东西。我宁愿采用"核技术"（开玩笑啦，就是压力锅），也不能容忍需要那么多时间来浸泡大米。它并不能为所烹饪的菜肴增加足够的价值，来证明我们是值得花时间来做这个。但是如果你还是觉得泡米会让你取得微弱优势，而且你还有足够的时间和耐心的话，那就浸泡吧。

开水的热量大概需要 15 分钟才能到达米粒的中心，所以米粒的表面在水中煮了 15 分钟，而其中心也就煮了一分钟左右。在烹饪过程中，米粒表层的淀粉会渗入水中，从而增加米饭的黏度。

在烹饪之前，将精白米浸泡 1 个小时，水分就会进入米粒之内。在烹饪的时候，热量就能更快到达中心，大概需要 8 分钟米饭就能做好了，这样也会使米粒的表层少损失一些淀粉。因此，浸泡过的米受热会更均匀，比起没有浸泡过的米，煮出的饭更容易分离。

米中加点儿盐调味

我确实会在我的米中加一撮盐，因为我真的喜欢那东西。我就是个"盐控"。

但是我要强调的一点是，加入盐并不是为了提高水的沸点，除非你向里面加一铁铲的盐。加入一点盐可以稍微提高米饭的香味，使口感更好。其实，盐并不是非加不可的，除非你觉得你的动脉需要强化一点。

实用的米饭烹饪小贴士

* 一大杯米做出的饭可供 4 个饥饿的大人充饥。
* 如果你的锅底出现一些烧焦的米饭，不用担心。在很多地方，锅巴被认为是最好的部分。
* 如果你同意上一个观点，并想在锅底做出一些锅巴，那么在饭煮好后，将锅放在一块湿毛巾上，

这样就能很容易将锅里的锅巴取出来。

* 在煮饭的过程中，不要过分搅动。过多的搅动会把米粒打碎，释放淀粉，使米饭变黏。

* 做好的西班牙肉菜饭应该像雪一样白，闻起来有一点麝香味，米粒中间有一点白色的夹生。

收汤方法（我最喜欢的方法）

这个方法适用于"蒸米饭"，非常简单，完全不用费脑筋。可惜的是，我30多岁才发现这个方法——对一个印度人来说，这真的算很大年纪了。它从来没有让我失望过。自从发现这个方法之后，我就爱上了大米的友好。它真是煮饭的得力助手，你可以有足够的时间和精力准备其他菜肴。它似乎给大米带来了生命。作为米粒大军的统帅，它指挥米粒在烹饪过程中排列成整齐的垂直方阵，自己煮熟。你只需要知道自己什么都不用做，放心地离开煮饭的锅。这就是我喜欢的烹饪方式。

* 每一杯淘洗过的米，需要加2杯水。

* 用温火炖煨，直至水分几乎全部收干，这通常需要10~15分钟。如果你想要搅动的话，只在最开始的阶段搅动一两次即可。

* 盖好锅盖，关火等待15分钟。

* 切记，在等待的15分钟之内千万不要揭开锅盖。因为此时密封好的锅变成了米粒的高温窖，绝对不可以被打扰。

滤水方法

这也是伴随我长大的烹饪方法，是父母两人一起参与的一个工作。妈妈看一眼锅，大声招呼正在看报纸的爸爸过来帮忙，把一大锅的滚烫开水滤去。在这个过程中总免不了发生一些意外。在大多数印度家庭，总会有家人身上留下过滤大米时造成的烫伤疤痕。请不要被我的话吓到。在亚洲，人们总是时刻关注身体的血糖水平，滤水被认为是对糖尿病人最好的烹饪法。而且，似乎每个印度人都喜欢炫耀这样的烫伤伤疤。

* 淘好的米中添加至少两倍米量的水。

* 将水煮沸，大约20分钟。在这个过程中要不断测试米粒的成熟度。

* 当米粒达到你想要的软度，用热水漂洗并沥干。

手指量水法

手指量水法有着一种天然的魅力，因为身体开始和米粒一起合作。在亚洲一些国家的厨房里，煮饭的锅根本不带测量器具。这并不奇怪，因为它们几乎没有什么用。它基本上和收汤方法原则相同，只是不需要量杯。

* 向锅里加入淘好的米，米量随你决定。

* 向锅里加水，将食指竖立，使指尖刚刚碰触到锅里的米，当水面到达食指第一个关节就可以了。

* 接着就等着水烧开，直至水分几乎被完全吸收，留下凹凸不平的表面。整个过程约 20 分钟。

* 将火关掉，盖好锅盖，再等待 15 分钟。

微波烹饪法

这是我阿姨最喜欢使用的方法，她简直就是这种做饭方法的传道者："就是用派热克斯（Pyrex，商标名），完全不用动手，谁会不喜欢呢？"她滔滔不绝地大赞特赞这种方法。我妈妈总是回她："事实上，这只是你一个人的想法。"

* 1 杯淘过的米加 2 杯水。

* 将混合好的米、水放入微波适用的带盖子的盘子中。

* 用功率为 700 瓦的微波炉微波加热，直到里面的水变干，米粒都颗颗站立。通常 1 杯米需要加热 15 分钟。

* 从微波炉里拿出来，再放置 5 分钟。记住，这 5 分钟至关重要。

电饭煲的使用

电饭煲是 1937 年由日本军队发明的，最初的电饭煲就是一个带着两个电极的木头盒子。电饭煲的主要工作原理就是将水分吸收，其中水和米的比例达到 1:1。世界上的大多数人都喜欢使用电饭煲，把它视为生活中不可或缺的家电。电饭煲使用方便，很多甚至都没有使用说明书。它的优点就是能够毫不费力地把米饭做好，还能够保温。在一个每天吃米饭的家庭，一份热乎乎的饭能够随时准备好，我想大家都能理解到电饭锅的重要。

我每次看到这个小家电，总会想起英国电视连续剧《神父特德》。其中一个场景就是一个叫道尔太太的家庭主妇，她已经有了一个水壶，却在圣诞节的时候收到一个 TeasMaid（煮茶用的小电器），她真的很沮丧。只有那些很小气的人才会讨论这些小器具的好处。所以，当我的一些朋友们聚在一起分析它们的好处时，我只能装出一副目光呆滞的模样。说实话，我知道它们都是非常好的机器，但是我更愿意让自己的双手变得脏一些，就像道尔太太说的那样……或许我更喜欢自虐吧。

* 一般说来，不同型号的电饭煲，说明书也会不同。但大体上使用电饭煲的时候，米和水的比例为 2:3，然后你只要插好电源，打开开关等待，直到米饭熟了，关闭电源。

1

开启美味的一天

闪耀的早餐

2人份

准备时间：2分钟

如果想喝冰的，需延长
冷却时间

香蕉特浓果昔

大量的理论认为，香蕉和咖啡都有一种香味，会使人想起丁香，因此这份食谱被认为有着不同寻常的浪漫。从能量和持久力来看，咖啡和香蕉就是厨房里的"史宾格犬"和"圣伯纳犬"。因此，将它们配合在一起而制成的果昔，会让你一整天保持活力。

· 1 根香蕉，切片

· 4 颗干枣，去核，切碎

· 4 杯意大利特浓冰咖啡

· 2 茶匙精砂糖（可选）

· 400 毫升米浆

· 适量肉桂粉（可选）

将所有的食材（除了肉桂粉）放入搅拌机，搅打 2 分钟，直到里面的食材变成细腻均匀的糊状物。如果你喜欢喝冰的，将果昔倒出来，放进冰箱冷却。

将制好的饮料倒入杯中，在表面稍撒一些肉桂粉即成。

2 人份

准备时间：5 分钟

如果想喝冰的，需延长
冷却时间

酸奶草莓薄荷奶

米糠的粗纤维，香蕉丰富的蛋白质和钾，草莓那招人喜欢的红色，还有薄荷带来的让人清醒振奋的清凉活力，妈妈们一定想要用这样的早餐来开启崭新的一天……当然如果她是一位热爱杜松子酒和"40-a-day"（一个食品网站，意思是一天的旅行，花费在食品上的费用是 40 美元）的女士，那就另当别论了……

· 150 克新鲜草莓或速冻草莓

· 2 根香蕉，切片

· 100 克原味酸奶

· 1 汤匙米糠

· 100 克脱脂牛奶或豆奶

· 1 汤匙柠檬汁

· 1 小把薄荷叶

· 1 汤匙蜂蜜

将所有食材放进搅拌机，搅打 2 分钟，直至里面的食材变成细腻均匀的糊。如果喜欢喝冰的，将饮料倒出来，放进冰箱冷却。

将酸奶草莓薄荷奶倒入玻璃杯，尽情享用这美味吧。

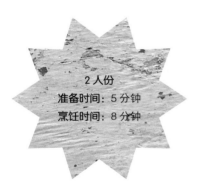

2 人份
准备时间：5 分钟
烹饪时间：8 分钟

大 麦 茶

日本人喜欢把它称为玄米茶或黑米茶，我则更倾向把它称为爆米花茶，因为它留给我的口味就是如此。这份食谱所用的量只能做出两杯茶，但是你可以多炒一些米，只要你喜欢，随便多少。将炒好的米冷却，放进密封的容器中，就可以随时享用了。

· 2 汤匙糙米
· 2 茶匙英国红茶或其他茶叶

在宽口厚底的平底锅中摊开薄薄一层糙米，用中火干炒。在这个过程中，要不停地翻动并将它们均匀摊开，使锅里的米粒均匀受热。确保没有米粒烧焦，否则做出来的茶会有苦味。整个过程需要约 5 分钟。

将平底锅从灶上移开，让锅里的米充分冷却。

将烤好的米粒和茶叶放进壶里，倒入开水，浸泡 1~3 分钟。浸泡的时间取决于你想要的茶味浓度。将茶水滤出后饮用，十分惬意。

并非附庸风雅的时尚

在这道茶里，米粒可不仅仅只是装饰。在日本，这种暗中隐藏碳水化合物的茶曾被视为填饱肚子的东西。作为一种"平民茶"，里面的米有两方面的好处：一个是为这道茶添加了可饱腹的物质，另一个是减少了昂贵的茶叶用量。所以，这可不仅仅是附庸风雅的SOHO（指家居办公）茶室风尚，对日本的上班族来说，这可是填肚子的黄油和面包。

这个饮品的起源，有一个关于血腥和恕罪的古老日本传说。有一个叫玄米（Genmai）的仆人，其主人是一名格斗武士。他在为主人奉茶的时候，不小心将几粒米掉落到茶壶里。这件小事触怒了他的主人，因为他觉得一杯美妙的茶就这样被毁掉了，一气之下，主人砍掉了玄米的脑袋。但主人还是决定把这杯茶喝了，奇妙的香气让他把这杯茶一饮而尽。为了纪念他那可怜的仆人，他每天早晨都要喝这样一杯带着米粒的茶，并把它命名为"玄米茶"（genmaicha）。

在炒米的时候要非常小心，所有的米粒都要均匀地受热，炒至表皮颜色全都变得焦黄。如果有炒煳的米粒，茶的味道就会发苦；如果米粒没有炒熟，则会硬硬的，没有那么浓的香气。要加入的茶叶完全根据个人喜好，可以是草药茶，也可以是传统茶叶。你可以尝试加入不同的茶叶，但是千万不要忘记加入有抗氧化功能的炒米。在干炒的过程中，大米的味道和形状完全发生了变化。我不禁想，在这些朴实无华的米粒深处究竟发生了怎样的神秘变化？我爱大米！

· 150 克树莓，额外再准备 6
　个完整的树莓，装饰用
· 150 克草莓，额外再准备 3
　个对半切开的草莓，装饰用
· 1½ 汤匙红糖或黑砂糖
· 1 茶匙柠檬汁

椰子粥
· 90 克泰国香米或短粒大米，
　浸泡 2~4 个小时
· 650 毫升椰子汁
· 2 汤匙砂糖
· 适量盐

焦糖双莓粥

　　向椰子粥中加入双莓，以此来提升粥的甜味。这种混合了水果的粥会使人产生饱腹感，饥肠辘辘的人吃了能迅速恢复元气。双莓混合颜色鲜艳、口感酸甜，在欧洲是一种非常受欢迎的口味。在中国，我吃过加入菠萝蜜的粥。菠萝蜜是一种带有杧果和太妃糖口味的水果，软硬和菠萝差不多。记得我当时还想，混合在白粥里面的菠萝蜜虽不言明，但内心一定非常骄傲，因为它并不能完全融入，只是假装不知道周围的白粥是多么朴实平淡。在我心里，双莓被切碎混入粥里，闪着微微红艳的色彩，是一种很好的搭配。

　　将树莓和草莓粗略地切成大块，保留所有汤汁。需要留出几个以备装饰时使用。

　　现在要做椰子粥了。将米、椰子汁、砂糖和盐一起放进炖锅里，中火或大火加热。煮沸后，调成小火慢炖约 10 分钟，偶尔搅一搅，直到里面的米变得像粥一样黏稠。

　　在熬粥的同时，将切碎的树莓、草莓、红糖和柠檬汁放进平底锅中，中火加热并不停搅拌约 8 分钟。以粥里的水果变软且能咬得到的程度为宜。这时里面的果汁变得微微有些黏稠，不要让它变得像太妃糖那么黏。

　　现在，你既可以将双莓混合物倒入椰子粥中，略加搅拌，使红色的果汁渗进白色的粥里，又可以将椰子粥和双莓混合物混合在一起，用搅拌机使它们充分混合在一起。

　　倒入碗中，用事先留出来的水果装饰一下。无论冷热，口味皆佳。

4 人份
准备时间：5 分钟
不含泡米时间
烹饪时间：20 分钟

- 130 克榛子
- 200 克短粒糙米，浸泡 2 小时，淘洗沥干
- 3 汤匙精制红糖
- 适量盐
- 240 毫升全脂牛奶
- ¼ 茶匙肉桂粉，再额外预留出一点备用
- 6 枚干枣，去核并切碎
- 4 汤匙希腊酸奶或法式鲜奶油

红 枣 暖 粥

　　夜里感到肚子饿的人们，总爱来一份瑞士果蔬燕麦片。咖啡色、营养健康、水果口味，所有你能在瑞士蔬燕麦片中得到的美味和营养，在红枣暖粥中都能得到。只不过，红枣暖粥出现在更适宜的时间——清晨。如果你不喜欢加入较为鲜凉的食材，如酸奶，可以在最后收尾的时候加入椰子汁。在烹饪过程中，你也可以将牛奶的用量减半，再加不高于 125 毫升的椰子汁。这样会使得这份早餐更华丽、更丰盛，为你营养健康的早晨增添一缕阳光。

　　将榛子放进一个小平底锅中，中火加热，颠动平底锅，使榛子均匀地烤成棕黄色。将平底锅从火上拿下来，先放到一边。

　　将泡好的米、糖、盐、牛奶和肉桂粉一起放进炖锅，用中高火煮沸，搅拌均匀，改中低火，加入切碎的红枣，盖好盖子，熬 10~15 分钟。熬的过程中，偶尔搅一搅。等粥熬得比较黏稠时，揭开盖子，再煮 2 分钟。

　　将粥盛入碗中，撒上一些烘烤过的榛子，加上一勺新鲜的希腊酸牛奶，最后在上面撒一点肉桂粉即大功告成。

糙　　米

　　糙米是未经碾压、颗粒相对完整的稻米，保留了富含有益脂肪的胚芽和外层。因此，糙米的营养价值更高，也更耐饿。但因为存在于麸皮和胚芽中的脂肪会变质，所以它容易腐坏。

　　在欧洲，一开始并不太受欢迎的糙米正在得到人们的青睐。它与那些深色、甜味的食材搭配在一起，往往会产生意想不到的效果，例如"红枣暖粥"（见第 26 页）和"快乐的嬉皮士"（见第 29 页）。糙米营养健康，是作为早餐的极佳选择。未经精制的糙米需要较长的烹饪时间，更适合小火慢炖，而且其含有的坚果口味会使和它一起烹饪的焦糖和水果的香味更浓厚。

　　糙米的特性就是张扬不掩饰，毫不隐藏自己的美味和丰富营养，并且有通便的功能。然而，在亚洲某些地区，糙米被认为是农民、穷人的食物或是便秘患者才会食用的东西，这种认知是不客观的。

普通糙米的烹饪方法

　　* 米和水的比例为 1:2（190 克糙米加 380 毫升水）

　　* 将糙米放进滤锅，在冷的自来水下淘洗，直至滤出来的水变清为止。将米放进容器中浸泡，加入冷水，水要超过糙米表面，浸泡 2 小时，沥干备用。

　　* 将糙米放进炖锅，按比例加入水。加热煮沸，开盖保持沸腾 10~15 分钟，直到锅里的水几乎被煮干为止。此时，锅里米的表面上有很多小坑。

　　* 将锅盖盖好。关火，放在一边，20 分钟后掀开锅盖。

　　* 用叉子翻拌几下，使糙米饭松散开。

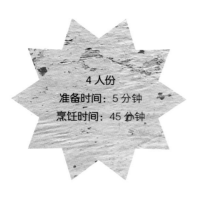

4 人份

准备时间：5 分钟

烹饪时间：45 分钟

快乐的嬉皮士

在我印象里，真正的嬉皮士总是端着一碗剩饭，永远的非主流，就如冰箱里的糙米。这道菜中，金色的黄油和深色的红糖就是清晨带来的奖赏，带着令人"堕落"的香甜。满满一碗吃到饱，这样的早餐会带给你愉悦的心情。

· 300 克短粒糙米，浸泡 2 小时，淘洗干净并沥干

· 适量盐

· 160 毫升全脂牛奶

· 1½ 汤匙黄油

· 3 汤匙黑砂糖或绵红糖（依个人口味添加）

· 适量新鲜磨碎的肉豆蔻

· 2 把坚果或脆大米花

先做糙米粥。将糙米和盐放入炖锅，加入 600 毫升水，大火煮沸后调到中火，炖 30 分钟，直到锅里的米几乎将水全部吸干。关火，将盖子盖紧，放置 10 分钟。

将炖锅里的米移至宽底炒锅中，加入牛奶和黄油，用中火熬煮，偶尔搅拌几下，直到锅中的大部分水分被煮干。

加入糖和肉豆蔻，充分搅拌，待糖和肉豆蔻完全溶解，关火。

可根据自己的喜好，撒一些你喜欢的坚果或脆脆的大米花。

加盐肉桂粉布丁

4 人份
准备时间：5 分钟
烹饪时间：7 小时

- 1 升全脂牛奶
- 65 克适合做布丁或意大利调味饭的短米（如意大利米），淘洗并沥干
- 100 克砂糖
- ¼ 茶匙盐
- 1 茶匙肉桂粉

这是一种大米布丁（teurgole），是法国诺曼底的特有食品，用烤箱的最高档温度长时间烹制而成。对远方而来的客人来说，这样一份早餐最能代表主人的热情好客。它的做法非常简单，只要把食材放在一起，"砰"的一声关进烤箱，烘烤一整夜即可。设置好烤箱的定时器，静待第二天早晨的到来。当你的客人睡眼惺忪、步履蹒跚地走出来，迎接他们的是一份奶油肉桂大米布丁，焦黄的表皮，十分诱人。

将烤箱预热至 70℃，设置中等或最低档火力。

将所有材料都放进一个大布丁蒸盘，搅拌均匀。

将布丁蒸盘放进烤箱中层，连续烘烤 7 个小时。烘烤结束，布丁的表皮呈焦黄色。挖开表皮，尽情享受美食吧。

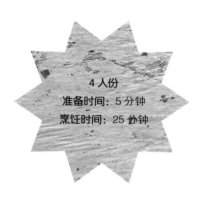

- 200 克糯米，淘洗并沥干
- 90 克砂糖，再额外准备一些备用（根据个人喜好选择）
- ¼ 茶匙盐
- 165 毫升甜炼乳，再额外准备 60 毫升甜炼乳备用（根据个人喜好选择）
- 90 克未加糖的可可粉
- 1 汤匙磨碎的橙皮蓉

萨摩亚可可米粥

在我看来，萨摩亚人虽没办法像法国人那么苗条，但是在早上 8 点的时候，他们或许会比法国人笑得更多。这是波利尼西亚人最心爱的早餐，被称为"kokoalaisa"，与抹了一层厚厚黄油的白面包搭配着吃。我想，这一定是孩子们在爷爷奶奶家过夜得到的好处，因为父母不会在孩子上学前这么纵容他们。话虽如此，但全世界的父母似乎都愿意做任何事来换取一个安宁的早晨，比如做一顿这种好吃的巧克力早餐。它可是对付孩子吵闹的有力武器。

将米、糖、盐一起放进炖锅，向锅里加入 480 毫升水，用中高火煮沸，然后加入炼乳，搅拌均匀。将火调小，加盖熬煮 10~15 分钟。每隔几分钟，搅拌一次，将锅里的米完全煮熟。

在熬煮糯米时，将可可粉放进一个小碗，加入 4 汤匙开水，充分搅拌，再加入磨碎的橙皮蓉。

当糯米煮好的时候，将可可粉混合物倒入糯米粥中，用中小火再煮 5 分钟，这时不用加锅盖，直到可可粉完全被糯米粥吸收即可。

可撒一些糖，搭配炼乳食用。

4 人份
准备时间：20 分钟
烹饪时间：20 分钟

姜汁啤酒大黄米饭布丁

生姜和大黄都是口感较为突出的食材。在自然状态下，它们的口味很难被遮掩，但是只要配以少许蜂蜜、糖，加在一层米饭布丁之上，所有不好的口感就全部消失了。

· 175 克做布丁用的短米，
　淘洗并沥干
· 600 毫升全脂牛奶
· 65 克黄油，切成片
· 115 克砂糖
· 4 个鸡蛋的蛋黄
· 适量盐

大黄 & 姜汁啤酒调味汁
· 360 克新鲜的大黄茎秆，切
　成 3 厘米的小块
· 125 毫升优质姜汁啤酒
· 2 汤匙蜂蜜
· 1 茶匙磨碎的青柠皮
· ¼ 个青柠，榨汁

先开始做调味酱汁。将大黄、姜汁啤酒和蜂蜜一起放入煮锅，用中高火煮沸。改小火，加入青柠皮和青柠汁，熬煮约 10 分钟，直至大黄的茎变软，放到一边，备用。

在制作调味酱汁的同时，将米和牛奶放入煮锅，用中火煮开，再用文火慢慢熬煮，加盖煮约 20 分钟。待锅里的米变得非常黏稠且呈柔滑的奶油状，加入黄油、糖、蛋黄和盐，边加边搅，使它们充分混合在一起。

将做好的米饭布丁盛入食碗中，再加入一大勺制好的调味汁。

4 人份

准备时间：20 分钟

不含焖米饭的时间

烹饪时间：30 分钟

克里奥尔油炸米粉饼

用这些小小的克里奥尔油炸米粉饼开启美好的一天吧。它既可当成周末悠闲时光对自己的特殊款待，又可当成工作日的晚餐。想象一下，在与工作进行了一整天艰苦卓绝的斗争之后，回到家就可以享受如此的美味……

· 115 克短米（适合做米饭布丁的那种大米），淘洗并沥干
· 450 毫升半脱脂牛奶
· 适量盐
· 2 汤匙砂糖
· 50 克中筋面粉
· 1½ 茶匙泡打粉
· ½ 茶匙肉桂粉
· ¼ 茶匙生姜粉
· 适量新磨碎的肉豆蔻
· 1 茶匙磨碎的柠檬皮
· 2 个鸡蛋
· 适量葵花子油
· 少许糖粉或枫糖浆

先将大米煮熟。将米和牛奶放入炖锅，倒入 450 毫升水，加盐，用中火煮沸，再改用小火慢炖 15~20 分钟，直至锅中的米变软。

这时加入糖，轻轻搅拌。关火，盖紧盖子，放到一边焖 15 分钟，待锅里的米把剩余的水分吸收干净为止。

将锅里的米饭移入食品料理机或搅拌机里，加入面粉、泡打粉、调味粉、磨碎的柠檬皮和鸡蛋，搅拌至里面的混合物变成黏稠且均匀的面糊。

现在准备油炸面团。将油倒入炒锅，加热至锅里的油开始冒烟，用中匙舀一勺面糊，在另一只汤匙的帮助下，将面糊缓缓地放进热油里。如此重复 5~6 次。一个锅一次能油炸五六个面团。小心地翻动锅里的面团，直到它们变成诱人的金黄色。这个过程约需 3 分钟。

用漏勺将炸好的饼从锅里捞出来，放到吸油纸上吸干表面的油，再放进低温炉中保温，继续炸剩下的饼。

在炸好的饼上撒一层糖霜，再淋上一些优质的枫糖浆。

经典美味克里奥尔炸汤团

　　美国的路易斯安那州是克里奥尔炸汤团诞生的地方。在那里有两种菜系，时至今日，我还是搞不太清楚两者之间微妙的差别。路易斯安那州有凯金（卡真）菜和克里奥尔菜。尽管对其他地方的人来说，这两个词意思差不多，是可以相互替换的，但是在路易斯安那州，它们并不相同。当地人用一种简单明了的定义来区分这两个词。克里奥尔菜是"城市菜"，而凯金（卡真）菜是"乡下菜"。这些作为街头小吃的汤团就是克里奥尔"城市菜"的核心。

　　炸汤团被称作卡拉斯（calas），所用的食材为大米、酵母、面粉和鸡蛋。炸汤团来自传统的法国早餐。在法国，它们通常搭配美味的咖啡食用。也是从那里开始，它们成为一种颇受欢迎的街头早餐，并传入了新奥尔良的法国区。克里奥尔街头巷尾的小贩们，头顶着篮子兜售热乎乎的炸汤团——卡拉斯。她们大声叫喊着："热乎的卡拉斯！（Belcalastout chauds！）"这些叫卖的女人们被称为"卖卡拉斯的女人"。当这种小吃在街头受追捧的热度逐渐消退，这些炸汤团已经不知不觉变成了新奥尔良千家万户的早餐。

　　在这些炸汤团的里面，是淡淡的、甜甜的馅料，吃进嘴里，让人心情愉快，为你新的一天带来充足的活力。

4 人份
准备时间：20 分钟
烹饪时间：1 小时

- 175 克筛过的面粉
- 适量盐
- 3 个鸡蛋
- 300 毫升牛奶，加入 100 毫升水
- 80 克黄油
- 4 汤匙希腊酸奶

红米山核桃馅料
- 1 茶匙葵花子油
- 50 克红米，优先选择不丹红米，淘洗干净并沥干
- 75 克山核桃，切粗粒
- 50 克砂糖
- 2 汤匙淡奶油
- 适量肉桂粉
- 1 汤匙小葡萄干或提子干
- ½ 茶匙香草精
- 取 ¼ 个柠檬，将柠檬皮磨碎
- 1 茶匙杏子酱

红米山核桃煎饼

在像纸一样薄的煎饼里夹着满满的红米和山核桃。在这份食谱里，我使用的是漂亮的短粒不丹红米。实际上，使用任何短粒红米或短粒糙米都可以。我喜爱红米在菜肴中任劳任怨的态度，无论搭配什么，它们都愿意有所付出。

先准备馅料。在一个大号炒锅里倒入油，用中火加热，加入红米翻炒 2 分钟。将火调大，向锅里加 480 毫升水，煮至沸腾。将火调小，加盖，小火熬煮约 45 分钟，直到锅里的水被吸收干净为止。关火，将锅放到一边，静置 10 分钟。

接下来开始制作煎饼。将筛过的面粉和盐放入一个大碗中，磕入鸡蛋并搅拌均匀。加入牛奶和水的混合物，一边慢慢倒入一边搅拌，最终成均匀的面糊。面糊的稀稠度和淡奶油差不多。

将黄油放入一个小号煎锅中，用小火将黄油化开。向面糊中加入 2 汤匙化开的黄油，搅拌均匀。将剩余的黄油倒进碗里，留用。

改中火，舀一勺面糊倒入煎锅，倾斜煎锅，使面糊覆盖整个锅底。一面先煎约 1 分钟，用铲刀从煎饼的边缘插入，将煎饼翻面后再煎 30 秒钟。将煎饼的双面都煎得金黄、松脆。将整张煎饼滑入一个蒸盘。用剩下的黄油和面糊再做 7 张煎饼，将它们摞在蒸盘中，放入低温炉中保温。

接着进行馅料的制作。将切碎的山核桃和砂糖放入碗中，搅拌均匀。将山核桃混合物倒入炖锅，加入奶油，用中火烹制，并不断搅拌，直到锅里面的混合物像果酱一样黏稠。这个过程要花费 8~10 分钟。关火，撒入肉桂粉、小葡萄干或提子干、香草精、柠檬碎皮、杏子酱和煮好的红米，将它们充分搅拌在一起。

将山核桃馅料放入煎饼中，卷成卷或者将煎饼对折再对折，然后在煎饼顶部涂一团黏稠的希腊酸奶。

香橙小豆蔻麦片华夫饼

完成这个食谱需要一个华夫饼机。我很抱歉——本来我也很讨厌那些需要特殊烹饪工具才能完成的食谱，尤其是那种属于游乐场和俗气的市场摊位的机器。但是豆蔻、香橙和稻米麦片，如此精致优雅，即使用平庸的东西制作出来，也不会因此而影响半分。那种味觉和口感的冲击给人一种不真实的梦幻感，给我们足够的理由使用这个机器。我敢保证，一旦你品尝过，你就会为自己找各种各样的借口来按照这个食谱制作各种古怪和美妙滋味的华夫饼——早晨的甜点，白天的下午茶，晚上的消夜。

- 125 克面粉
- 40 克全麦面粉
- 30 克大米脆麦片
- 100 克玉米淀粉
- 90 克绵红糖
- 1 茶匙发酵粉
- ½ 茶匙小苏打
- ¾ 茶匙盐
- 适量新磨制的肉豆蔻
- 1 汤匙豆蔻粉
- 1 汤匙磨碎的橙皮
- 2 个鸡蛋，将蛋清和蛋黄分离
- 350 毫升牛奶
- 120 毫升玉米油
- 1 茶匙香精
- 4 汤匙原味酸奶或冰激凌

将华夫饼机预热。将所有干燥的食材放到一个碗里，混合均匀。

将蛋黄、牛奶、玉米油和香草精放到另一只碗里，搅拌均匀。

将蛋清放入一个大号搅拌碗内，用打蛋器或电动搅拌器打至湿性发泡。

将第一个碗里的干燥食材和第二个碗里的蛋黄混合液混合在一起，搅拌至完全混合，再慢慢地拌入蛋清。

现在，按照你自己的华夫饼机的使用说明，将混合好的液体倒在预热过的华夫饼机上，一次做 8 个华夫饼。将先出炉的华夫饼放进低温炉保温。

如果作为早餐的餐点，可在华夫饼上涂一层原味酸奶；如果要制作的是游乐场式的甜点，那么在上面放一个冰激凌球。

椰子米香煎蛋卷

4 人份

准备时间：15 分钟

烹饪时间：45 分钟

· 100 克巴斯马蒂白香米（印度香米），淘洗干净并沥干

· ½ 汤匙橄榄油

· 2 个较小的红皮洋葱，切片

· 1 茶匙芫荽粉

· ¼ 茶匙孜然粉

· 1~3 个青椒，去籽，细细地切碎（可选，按照你需要的量自行选择）

· 8 个大个鸡蛋

· 120 毫升椰汁

· 1 汤匙干椰蓉

· 1 汤匙细细切碎的葱花

· 1 汤匙切碎的香菜叶

· 1 茶匙盐

· 适量现磨黑胡椒

这是一份用剩饭便能做出美味早餐的食谱。在亚洲人的日常生活中，人们通常会制作爽口的煎蛋卷作为早餐。这道煎蛋卷没有加入任何乳制品，乳脂状的椰汁为这道餐点带来浓浓的异域风情。辣椒为煎蛋卷带来爽口的口感——新鲜、青翠、清香，让人精神一振。就算你不使用青椒，仅仅是鲜香的葱花和香菜，也能在清晨给你带来新鲜、绿色的美好感觉。根据个人喜好，还可以搭配一块涂满黄油的硬皮面包。

将香米放入炖锅，加 240 毫升水，用大火煮沸。改中火，熬煮 10~15 分钟，直到锅中的水被吸干。关火，将盖子盖紧，将锅放到一边冷却。

预热烤箱，温度设定为 180℃。

将橄榄油倒入煎锅，用中高火加热，加入洋葱、芫荽粉、孜然粉和青椒，煎至锅内的洋葱变透明。加入冷却的米饭，小火翻炒 3 分钟，直到锅里的食物都热透。

将鸡蛋打入碗中，加入椰汁、椰蓉、葱花、香菜叶，搅拌均匀，用盐和黑胡椒调味。

将蛋液混合物倒入耐热浅盘中，再将米饭混合物铺在上面。

放入烤箱烤 20~25 分钟，直到蛋液变凝固，煎饼变成金黄色。

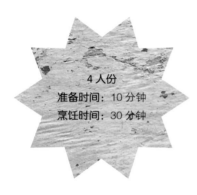

4 人份
准备时间：10 分钟
烹饪时间：30 分钟

- 3 汤匙橄榄油
- 100 克西班牙辣香肠，切片
- 200 克意大利烟肉，切丁
- 8 个蘑菇切片
- 4 个西红柿去皮，去瓤，切碎
- 200 克细粒米，焯水并沥干
- 55 克罐装意大利白豆，用清水漂洗并沥干
- 4 个鸡蛋
- 适量盐和新鲜的黑胡椒粉
- 1 大勺番茄酱
- 少许布朗沙司（可选）

彼尔德早餐大碗炖饭

　　这是一道简单易做的早餐。早晨，利用前一晚的剩饭就可以完成。如果没有西班牙辣香肠，可以用罐装热狗香肠；如果没有新鲜西红柿，可以用番茄罐头。同样，可以用闲置的旧搪瓷盘子来代替"耐火砂锅"。总之，可以利用你手头的食材、工具做出多种变化的大碗炖饭。

　　将烤箱预热至 190℃。

　　将油倒入耐火平底锅中，中火加热，倒入西班牙辣香肠片，煎几分钟至锅里的油变成红色并能闻到辣香肠的香气。

　　将西班牙辣香肠倒入盘子里，放到一旁，备用。

　　向锅中倒入意大利烟肉丁，煎至微黄，加入蘑菇片，再倒入西红柿，大火炒 3~5 分钟，至里面的蘑菇变软即可。

　　将火调至中火，加入米饭，翻炒 1 分钟。

　　加入约 455 毫升水，足以没过里面的食物，再加盐和胡椒粉调味。等水煮沸，加入意大利白豆并将之前煎好的西班牙辣香肠片倒入锅中。盖好锅盖，小火煮 10~15 分钟，直到锅里的米饭开始变软。

　　在这些食物表面打入一个鸡蛋，不盖盖子。将平底锅放入烤箱烤 10 分钟，直到鸡蛋变得微黄。

　　最后，趁热加入 1 大勺番茄酱。当然，如果你喜欢的话，还可以加入布朗沙司。

酸辣三文鱼小煎饼

这是一道著名的俄罗斯早餐。它既有可提升口感的三文鱼，又有可填饱肚子的米饭。如果你想要更浓的味道来唤醒沉睡一夜的味蕾，可以在煎饼上加一些柠檬或多加一些辣根。

4人份
准备时间：25 分钟
不含浸泡和静置时间
烹饪时间：30 分钟

- 100 克长粒糙米，浸泡 2 小时，淘洗干净并沥干
- 150 克米粉
- ¼ 茶匙盐
- 少许辣椒粉
- 1 茶匙发酵粉
- 2 个鸡蛋，蛋清、蛋黄分离
- 240 毫升全脂牛奶
- 少许橄榄油，在煎锅上涂一层

酸奶油顶层
- 85 毫升酸奶油或法式鲜奶油
- ½ 茶匙辣根
- ½ 个柠檬，榨汁
- 1 个小红皮洋葱，切细丁
- 300 克烟熏三文鱼
- 一把莳萝，抽掉细丝
- 适量盐和新磨制的黑胡椒

将米倒入煮锅，加入 240 毫升水，大火煮沸后改中小火再熬煮 10~15 分钟，直到锅里的水全部被吸收为止。关火，将盖子盖紧。将锅放到一边冷却。

将煮熟并冷却的糙米饭、面粉、盐、辣椒粉和发酵粉混合在一起。

将蛋黄和牛奶倒入一个小碗中搅打均匀，倒入之前制作的糙米混合物中，搅拌均匀，静置 30 分钟。

将蛋清打至湿性发泡，再慢慢倒入米糊之中。

用中火将煎锅加热，轻轻刷上一层橄榄油。将一汤匙米粉糊倒入煎锅中，用勺子的背面轻轻将其压成一个圆形。重复这个步骤，直到煎锅里面铺满了小煎饼。小煎饼的直径约 4 厘米。

煎制约 3 分钟，直至煎饼的顶部出现气泡，挨着煎锅的那一面变成金黄色。用铲子将锅中的煎饼翻面，再煎 2 分钟。将做好的小煎饼从锅中移出，放在烤架上晾凉，直至完全凉透。用厨房用纸擦锅，再轻轻地刷一层油。重复上面的制作步骤，直到所有面糊都用光。我们大概要做 16 个小煎饼。

将酸奶油、辣根、柠檬汁、盐和胡椒混合在一起。

在每个冷却的小煎饼顶部涂一团酸奶油，撒 ½ 茶匙切好的洋葱丁，加上一片卷曲的烟熏三文鱼片。

用莳萝叶子装饰，为你的小煎饼增添最后一抹光彩。

巴斯马蒂白香米（印度香米）

长长的米粒，洁白如雪，带着一股麝香的香味，这就是印度人的超级粮食——巴斯马蒂白香米。我必须从这儿说起，从小我就把这香米视为仅次于神的重要事物。这并不是玩笑话。在印度，如果你浪费了一粒粮食，你就会被骂得体无完肤。在我脑海里，一直有这样的记忆：晚宴过后，妈妈总会搜遍整个垃圾桶，一边翻一边扯着嗓子咒骂浪费食物的人。她将垃圾桶里的粮食挑出来，放到一边喂小鸡。

不仅如此，在东方文化里，标注生活各个阶段的仪式都离不开香米，如印度孩子吃的第一餐饭——"断奶"庆典。无论是在婚礼还是宗教仪式上，甚至在葬礼上，香米都是不可或缺的。我还记得在父亲的葬礼上，饭团像俄罗斯套娃一样被排列开来，每一个饭团代表他的一个祖先——按从大到小的顺序排列。

如果我在家里说了一句"我们家没米了"，一定会被骂说话不过脑子。印度人很忌讳这句话——他们会说"我们还有好多米"。为了证明这句话的真实性，无论什么时候，每当我们从存放大米的地方取出一杯米，我们总要放回去一点儿米，分三次放回去，每次一点点。这看起来有点矫揉造作，可能还有些傻。幸运的是，现在的我们，粮食充足，终于不需要了解那种没有米的绝望。

如何烹饪普通白米

* 一杯米加两杯水（190 克米加 450 毫升水）。
* 将米放入滤锅，在自来水下淘洗，直至滤出的水变清，然后沥干。
* 将米和适量的水放进煮锅，煮沸之后再熬煮约 10 分钟，不需加盖，直到里面的水分全部被蒸干，米饭表面变得不平整。
* 将锅盖盖紧，关火，放到一边静置 15 分钟。
* 用叉子将米饭翻松。

印度鸡蛋葱豆饭

4 人份

准备时间：20 分钟

烹饪时间：40 分钟

- 2 汤匙酥油或提纯的黄油
- ¼ 茶匙小茴香籽
- ½ 个干红辣椒
- 1 小片月桂叶
- 5 毫米鲜生姜，去皮，磨碎
- 少许辣椒粉
- ½ 茶匙芫荽粉
- 1 个小洋葱，一半切碎，一半切成薄薄的片
- 225 克巴斯马蒂白香米，淘洗干净并沥干
- 225 克棕扁豆
- ½ 汤匙姜黄
- ½ 茶匙盐
- ½ 汤匙葵花子油
- ½ 汤匙杏仁
- 250 克煮熟的烟熏未染色黑线鳕
- 2 个煮鸡蛋，去壳，纵向分成 4 份
- 少许鲜嫩的香菜叶

这道菜的起源可以追溯到在英国殖民下的印度。在英国殖民统治期间，英国人早餐爱吃 Kitchuri——由大米和扁豆制成的烩饭。然而，这道烩饭是一道只有扁豆的素食烩饭，里面没有一丁点的肉或鱼。这样的素餐绝对不能成为英国人的早午餐。另外，印度的主厨早上第一件事就是买鱼。在那个没有冰箱的年代，他们买来的鱼需要在正午——天气变热之前吃掉。因此，鸡蛋葱豆饭就应运而生，它起到了一箭双雕的作用。一方面，它避免了过量捕捞来的鱼因为高温而腐坏掉。另一方面，那些欧洲的太太们因为素食主义也远离了厨房。

将酥油放入大号炖锅化开，加入小茴香籽，加热到锅里的食材发出"噼啪"的爆裂声和"滋滋"的热油声。加入干红辣椒，翻炒几秒钟。这时加入月桂叶、生姜、辣椒粉、芫荽粉和切碎的洋葱，用中小火煎至锅里的洋葱变成金黄色。

加入香米、棕扁豆、姜黄和盐，继续翻炒 2 分钟。

加入适量水（水面刚刚没过食物即可）煮至沸腾，将火调小，用小火熬煮 20~30 分钟，直到锅里的水分被完全吸干，里面的所有材料都变软。如果水加少了，可以向锅内添一些开水。

同时，用另一个锅加热葵花子油，倒入洋葱片，煎至变黄、松脆。将煎好的洋葱片倒出来，用纸巾将表面的油吸干。将杏仁倒入锅中，煎至变黄。

将鸡蛋葱豆饭倒入一个大号盘子里。将煮熟的烟熏黑线鳕撕成较大的碎片，与鸡蛋葱豆饭混合在一起。

将煎好的洋葱和杏仁撒在上面。将切成四分之一大小的煮蛋放入鸡蛋葱豆饭中，最后在上面点缀一些鲜嫩的香菜叶即成。

4 人份
准备时间：15 分钟
烹饪时间：25 分钟

羊奶奶酪可丽饼

我记得自己曾在一个匈牙利宾馆吃过类似的早餐。在东欧，人们不觉得一次做 40 多个可丽饼有什么不妥。他们把做好的可丽饼摞得高高的，放到盘子里，连续吃上好几天。配以让人眼睛一亮的丰富配料，简直是吃一整周都停不下来。在这份食谱中，我们使用了米粉，而米片温和、香甜，起到黏合剂的作用，把融化的乳制品和发散的韭菜黏合在一起。

羊乳奶酪馅料

· 240 毫升牛奶，再多准备一些，以备后面使用
· ¼ 茶匙砂糖
· 55 克米饼
· 250 克脆羊奶奶酪
· 1 汤匙黏稠的原味酸奶
· 100 毫升酸奶油
· 1 大把韭菜，切碎
· 盐和新磨制的黑胡椒粉适量

米粉可丽饼 / 米粉法式煎饼

· 150 克米粉
· ¼ 茶匙盐
· 2 个鸡蛋
· 1 汤匙无盐黄油，化开
· 少许橄榄油

先来做馅料的米糊。将牛奶、糖和米片放入煮锅，煮至沸腾，将火调小，熬煮 5 分钟。

关火，将制好的米糊放到一边冷却。米糊在冷却过程中会变黏。如果你觉得米糊过于黏稠，加一点儿牛奶稀释一下即可。

除橄榄油外，将准备制作可丽饼的所有材料都放进搅拌碗，搅拌成混合均匀的面糊。

开始制作馅料。将羊奶奶酪放入一个碗里，捣碎，添加酸奶、酸奶油、韭菜和制好的米糊混合物。用盐和黑胡椒调味，搅拌使之混合均匀。

这些米糊大概可以制作 8 个较大的可丽饼。

现在开始做可丽饼。在不粘锅中加热一汤匙橄榄油，旋转煎锅，使其涂满整个锅底。现在向锅里倒入满满一勺米糊。倾斜煎锅，使米糊铺满整个锅底。煎一分钟后翻面，再煎一分钟，煎至金黄松脆。将可丽饼从锅中移出来。重复此步骤，直到用光所有的面糊。将前面做出来的可丽饼放进低温炉保温。

在每张可丽饼上铺上薄薄一层之前制作的奶酪米糊馅料，卷起来或直接享用即可。

椰香米粉阿帕姆饼

4人份
准备时间：15分钟
不含发酵时间
烹饪时间：55分钟

- 50 克白米，淘洗干净并沥干
- 2 茶匙砂糖
- 1 茶匙干酵母
- ½ 茶匙盐
- 240 毫升椰汁
- 150 克米粉
- 少许菜籽油或大豆油
- 少许糖浆、果酱

　　这些煎饼的名字叫阿帕姆饼。阿帕姆，多么甜美的字眼。这是一种滑嫩、多孔、柔软的喀拉拉早餐面包。这份食谱要求你掌握一种技巧——使用炒锅制作出完美的浅碗形状。这样做是为了让面糊聚集在煎饼的底部，从而形成厚厚、软绵的中间部分。阿帕姆饼的制作通常需要 2 天的准备时间，包含发酵，但我这里使用的是一种快捷方法，所以一些印度大妈看到这个方法一定会悲叹："这样做出来的东西不可能是原来的味道。"

　　将白米放入深煎锅中，倒入 240 毫升水煮沸，将火调小后慢炖约 15 分钟，直到锅里的米变软为止。关火，将锅里的水沥干，放到一边冷却。

　　将糖和干酵母放进一个小碗，加入 4 汤勺温水搅拌均匀，放置 5 分钟。

　　将煮好的白米、盐、椰汁和 120 毫升水放入碗里，用搅拌棒或浸入式搅拌器搅打成均匀的米糊。

　　向米糊中加入米粉和 120 毫升水，搅拌均匀。将面糊转移到一个带盖子的大碗里，再加入酵母混合物。盖好盖子，把大碗放在暖和的地方，静置 2 个小时。一旦面团的体积发至原来的 2 倍大，再加入 120 毫升温水，轻轻搅拌。

　　把一个带盖子的小炒锅放在中火上加热，在锅底和侧面刷一层油。等锅变热，倒入满满一大勺面糊，倾斜炒锅，使面糊覆盖整个锅底，并使其沿着锅壁形成一圈薄边。盖好锅盖，将火调小，煎 4~5 分钟，直到饼的边缘呈现出淡淡的金黄色。

　　揭开盖子，再煎 30 秒，直到阿帕姆饼的一侧变得更松脆。将阿帕姆饼移到盘子里，用低温炉保温。继续煎制剩余的面糊。根据锅的大小不同，可能会制作出 8~10 个阿帕姆饼。

　　在上面淋上一些糖浆、果酱……这些配料往往会给人带来不同的口感。

2

轻食

开胃菜、午餐&夜宵

- 1 汤匙橄榄油
- 2 块鸡胸肉，带有鸡皮
- 2 个鸡腿，带有鸡皮
- 1 个小洋葱，切丁
- 2 瓣大蒜，切碎
- 240 毫升白葡萄酒
- 2 个青柠，取皮磨碎，果肉榨汁
- 1 块 5 厘米长的新鲜生姜，去皮，切半
- 4 粒完整的黑胡椒
- 2 个鸡肉浓缩固体汤料，搅碎
- 2 片月桂叶
- 2 茶匙细砂糖
- 2 个胡萝卜，去皮，切片
- 2 根芹菜茎，切丁
- 1 汤匙细细切碎的百里香叶子
- 115 克细米线
- 适量盐和新鲜磨碎的黑胡椒
- 少许香菜叶

姜橙滋补鸡汤米线

虽然大多时候鸡汤并不好喝，就像洗碗水的味道，但这一款鸡汤绝对不会那样——它里面的食材味道浓郁，对身体很有益处。酸橙富含维生素 C，鸡骨和鸡皮会起到抗生素的作用。想象一下，做了这么一大锅金黄的鸡汤与家人分享，他们一定会被这美味感染吧。千万不要因为浮渣而大惊小怪，可把浮渣捞出来一些，但不必捞得精光，因为随后这道带有妈妈味道的鸡汤会将浮渣再次吸收，使它们融入这美味之中。

向大号炖锅中倒入橄榄油，用中火加热。加入鸡肉、洋葱和拍碎的大蒜，翻炒约 5 分钟，直到鸡胸肉变得微黄、洋葱变得透明。

加入白葡萄酒、青柠汁和 1 升水，没过锅里的鸡肉。将一半生姜切片，向锅中加入姜片、胡椒粒、鸡肉浓缩固体汤料、月桂叶和砂糖。用大火煮沸后转中火，慢炖 45 分钟。

将汤里的鸡肉捞到切肉板上，将鸡胸肉和鸡腿肉撕成小块，弃骨去皮。

向汤里加入胡萝卜、芹菜、青柠皮（一半）和百里香，小火煮到里面的蔬菜变软。此过程大概需要 20 分钟。

向煮开的汤里加入撕碎的鸡肉和米粉。将剩下的半块生姜切碎，加入锅中。关火，将锅盖盖好，静置至里面的米粉变软。这个过程约需要 10 分钟。

用盐和胡椒调味，在上面撒上香菜叶和磨碎的青柠皮就可以上桌了。

红　米

　　红米是一种未碾磨的短粒米，外面呈深红色，由外向内颜色逐渐变浅，中心呈浅红色。和白米相比，红米更有嚼劲，煮熟也需要更多时间。煮熟后，红米仍然保持自身的颜色。与糙米、白米相比，红米营养更丰富，更有嚼劲，更好看。最常见的是产于法国南部湿地的卡马格红米。泰国红米也不错，黏黏的，味道浓郁。还有不丹红米，生长在喜马拉雅山脚下。不丹红米带有大地的气息，在烹饪时会变成粉红色。它常被用来代替糙米，给菜肴增添色泽。

　　我其实并不想一直唠唠叨叨地说起我的小时候，但是我确实记得曾经在妈妈的厨房拿了这么一袋子东西。在我眼里，这个东西更适合那些带着文身、喝得烂醉的人。"它闻起来就像是 mollychop（我们用来喂马的东西）。""它要是不高级，你也不高级。"妈妈指责我说，"你到底哪根筋搭错了？"她继续忙她的。但是，嘿，我爱红米。

　　我没想到关于大米我会有这么多话要说。在色泽较浅的菜肴里面，红米会显得比较突兀，所以它与那些颜色较深、食材比较丰富的菜肴更搭一些，如匈牙利红樱桃汤（见 57 页）。红米会让人感到惊艳，我真的大爱它颠覆性的华丽色调。红米很容易烹饪，非常讨人喜欢。赶快买一些红米吧，让你的厨房多一抹红色。

红米的烹饪方法
对于这种似坚果的、粗糙的红米，我推荐下面的烹饪方法。

* 1 杯米加 2 杯水（190 克米加 480 毫升水）

* 将米和水一起放入炖锅，煮沸，然后用小火慢炖约 30 分钟，不用盖锅盖，直到锅里的米变软，但仍有一点点嚼劲。

* 将水滤去，如果有必要的话，用叉子将米饭搅拌松散。

水分吸收法同样可以用于红米烹饪（见 14 页），小火慢炖 25 分钟，将煮好的米静置 20 分钟。

樱桃红米冷汤

匈牙利菜肴兼受东西方文化的影响，没有我们保守意义上的界限，也无所谓是否适当。它和我们心中的西方饮食不尽相同。这道菜肴来自匈牙利樱桃冷汤——megyleves。在一个炎热的日子，我在布达佩斯的多瑙河畔喝了一份这样的樱桃冷汤。它令人耳目一新，精致且口感丰富。啊，我想，我还有很多要学的呢。

4 人份
准备时间：10 分钟
不含静置和冷却时间
烹饪时间：1 小时

- 100 克红米，淘洗并沥干
- 700 克新鲜的黑樱桃或酸樱桃，洗净去核，亦可以用樱桃罐头和樱桃汁代替
- 少许肉桂粉
- 少许新鲜磨碎的肉豆蔻
- 1 个柠檬，将皮磨碎，果肉榨汁
- 75 克细砂糖
- 1 个大鸡蛋的蛋黄
- 250 毫升酸奶油
- 6 片小薄荷叶
- 2 汤匙切碎的开心果

将米放入炖锅中，加入 300 毫升水，用中火煮至沸腾，改小火慢炖约 30 分钟，不加盖，直到锅里的米粒变软。关火，盖好锅盖，静置 10 分钟。将水滤干，放到一边备用。

保留几颗完整的樱桃，可以是新鲜的，也可以是樱桃罐头，在最后的时候点缀用。将剩下的水果放入大号炖锅，加入调味品、柠檬皮和柠檬汁，倒入 240 毫升水，使水面盖过锅内食材。加入糖煮沸，用中小火炖 10 分钟。用漏勺捞出一半的樱桃，放入搅拌器，搅打成均匀的果泥。将果泥再倒回汤里，再次煮沸。

接下来将蛋黄和酸奶油放入一个碗里，加入一杯樱桃汤，搅拌均匀。将混合物再次倒回剩下的汤中，用文火炖 3 分钟左右。关火，倒入冷却的红米，搅拌均匀。撒上薄荷叶和开心果，再加入之前留出的整颗樱桃，晾凉后即可食用。

4 人份
准备时间：10 分钟
烹饪时间：15 分钟

柠檬蛋黄鸡汤

我很幸运，我有一个好朋友，她的妈妈对厨艺如痴如醉。她把这道汤称为"柠檬蛋黄鸡汤"，真是个奇怪的名字，我在心里想。那时候我十岁，这个名字并不像里面的食材那么有趣，但是它真的是极其美味。

- 900 毫升优质鸡肉原汤
- 55 克长粒白米，淘洗并沥干
- 3 个鸡蛋，取蛋黄
- 2~3 汤匙柠檬汁
- 2 汤匙细细切碎的香菜叶
- 适量盐和黑胡椒

将鸡汤放进炖锅中煮开，加入白米，用中火炖 12 分钟，直至米粒刚刚开始变软。关火，用盐和黑胡椒调味。

搅打蛋黄，加入 2 汤匙柠檬汁，继续搅打，直至两者混合均匀并开始起泡。

向蛋黄混合液中加入满满 1 杯鸡汤，再继续搅拌。现在，将蛋黄混合液慢慢倒入鸡汤里，一边倒一边不停地搅拌。加入适量的盐和黑胡椒调味。如果你喜欢酸一点儿的口感，可以再加入一些柠檬汁。

将汤盛入碗里，再撒入一些切碎的香菜叶。鲜绿的香菜叶配以黄色的鸡汤，非常漂亮。

印度香米配西洋菜绿汤

4 人份
准备时间：10 分钟
烹饪时间：15 分钟

如果想让你的饮食里含有大量营养丰富的绿色蔬菜，那么来一碗制作便捷、营养丰盛的汤是个不错的选择。你可以选择自己喜欢的绿色蔬菜。我比较喜欢西洋菜和甘蓝菜。

- 80 克印度白香米，淘洗并沥干
- 2 汤匙橄榄油
- 1 个大洋葱，切丁备用
- 2 瓣大蒜，切成蒜末
- ¼ 茶匙白胡椒粉
- ¼ 茶匙新鲜磨制的肉豆蔻
- 1 升鸡肉或蔬菜高汤
- 150 克蔬菜叶，如菠菜、甘蓝等
- 1 小把香菜叶
- ½ 茶匙孜然粉
- 1 汤匙细砂糖
- ½ 个柠檬，榨汁
- 盐和黑胡椒适量
- 4 汤匙酸奶油
- 少许硬皮面包

向锅中倒入 1 升水，大火煮沸，加入洗好的米。等锅里的水再次沸腾后，用中火炖 8 分钟左右，直到米粒开始变软。过冷水并沥干。

用较深的锅热油，倒入洋葱和蒜蓉，用中小火翻炒，直至洋葱变得透明。加入白胡椒粉、肉豆蔻和高汤，再加入过了冷水的大米，煮沸，用中低火炖约 10 分钟。

将绿色蔬菜、香菜叶、孜然、糖和柠檬汁倒入锅里，再炖 4 分钟。用盐和黑胡椒粉调味。

将锅里的混合物倒入手持式或浸入式搅拌器，搅拌成黏稠、均匀的糊。

将糊状物倒入碗中，拌入酸奶油，即刻食用。搭配硬皮面包更美味哟！

海南酱香老母鸡炒河粉

- 1200 克的整鸡
- 2 根青葱，切成 5 厘米长的葱段
- 5 根香菜嫩枝，再多准备一些香菜叶
- ¾ 茶匙盐
- 2.5 厘米长的新鲜的生姜，去皮，粗粗地拍碎
- ½ 茶匙黑胡椒粒
- 250 克河粉
- 2 汤匙生抽
- 1 汤匙香油
- 1~2 个红辣椒，去籽，切丁

海南酱汁
- 3 汤匙葵花子油
- 2 根小青葱，切片
- 1 汤匙细细切碎的新鲜生姜
- 1 茶匙盐
- 4~5 汤匙生抽

我还记得第一次品尝海南鸡饭的情景。当我看到这道菜时，心里一直在怀疑，这样一道看起来没有任何食欲的菜，吃起来大概什么味道也没有吧。但是，当我尝了第一口，我便开始为自己怀疑中国人对美食的魔力而惭愧不已。他们真的能使看起来平淡无奇的鸡肉释放出无与伦比的味道。就是这道菜让我对面食产生了极大热情。

将鸡肉洗净沥干，从开膛处将鸡身的脂肪和脖子周围的脂肪去掉，将鸡头砍掉。

将鸡放进大号砂锅或炖肉的浅锅中，加入葱段、香菜、盐、生姜、胡椒粒和适量的水，水面要盖过鸡身。加盖煮沸，将火调成小火，慢炖 35 分钟。关火，将锅放到一边闷 10 分钟，直至锅里汤汁变清，这时用刀在鸡腿上刺几下。

把整只鸡从锅里捞出来，控干水。撇去鸡汤里的浮渣，并把浮在鸡汤表面的调料也捞出来。

再将砂锅加热，使锅里的鸡汤再次煮沸。调小火，倒入河粉，不停搅拌，等河粉变软但仍存有一些嚼劲即可。这个过程大概需要 10 分钟。将河粉从汤中捞出，沥干。

将河粉放进一个大碗，加入生抽、香油，放到一边备用。

现在做海南酱汁。用大火将炒锅加热，加入葵花子油，继续加热，直到锅里的油开始冒烟，加入葱花、姜末、盐和生抽，翻炒约 30 秒，倒入河粉，充分翻炒，直至锅里的河粉都沾上酱汁。将河粉从锅里夹到大号餐盘里，炒锅里依然留些酱汁。

将整鸡放在河粉上。将锅里的酱汁倒在上面，撒上切好的红辣椒和香菜叶。餐具要用尖头叉和餐刀，用它们可以把香软的鸡肉切成小块。

4 人份
准备时间：10 分钟
烹饪时间：20 分钟

- 100 克香脆大米麦片
- ½ 茶匙辣椒粉
- ½ 茶匙孜然粉
- ½ 茶匙干百里香
- 少许盐
- 1 瓣大蒜，拍碎
- 适量柠檬汁
- 200 毫升蛋黄酱
- 4 块去皮去骨的鸡胸肉，
  切成粗条
- 少许番茄酱

香辣孜然麦片烤鸡

将鸡肉裹上一层美味的蛋黄酱，再加上香辛味的早餐麦片。这道菜在世界各地的厨房都可以找到。这份食谱不需要你用过多的言语表达，一旦品尝就会认可它。不过，我还是加入了"孜然""香""辣"等词，并不只是想"厚颜无耻"地为这些鸡块增添一些诱惑性的魅力，而是因为这些词确实可以表达出这些金黄、松脆的鸡块的真实美味。

将烤箱预热至 200℃，将烘烤纸铺在浅烤盘上。

将大米麦片装进一个食品袋中，粗粗地压碎。加入辣椒粉、孜然粉、百里香和盐，混合均匀，撒到烤盘上。

将大蒜、柠檬汁和蛋黄酱放入另一个碗中，混合均匀。

在鸡肉条外面蘸一层蛋黄酱混合物，再放到麦片混合物上滚一滚。将鸡肉一次性放入烤盘，烤 15~20 分钟，直至鸡肉变得金黄。在烤到一半的时候，把烤盘里的鸡肉翻个面。

抛开一切顾虑，准备好番茄酱和餐巾纸，尽情享受吧！

日本米饭蛋卷

4人份
准备时间：15分钟
烹饪时间：25分钟

对日本的孩子来说，这道蛋卷就是吐司。做蛋卷最好用剩下的炒饭或白米饭，如果没有剩饭，那么你就需要三分之二杯未碾的大米。很明显，米饭蛋卷需要用番茄酱调味和装饰。它制作时间短，吃起来也很方便，只要用手抓着吃就可以了——不用想，这是一道孩子们放学后最想吃的餐点。

- 115毫升植物油
- 1个小洋葱，切碎
- ½个胡萝卜，去皮，切丁
- 1个鸡腿，去皮、骨，切丁
- 2个蘑菇，细细切成小丁
- 1汤匙切碎的香菜叶
- 270克煮熟的长粒白米饭
- 2汤匙番茄酱，再多备一些
- 6个鸡蛋
- 4汤匙全脂牛奶或豆奶
- 少许盐和新鲜磨制的黑胡椒

向煎锅中加4汤匙油，加热后倒入洋葱。当洋葱变得透明时加入胡萝卜和鸡丁，翻炒至鸡肉微微发黄为止。

加入蘑菇，用大火翻炒，直到它们开始变软。用盐和胡椒调味，将锅里的菜盛出。等稍稍冷却，加入切碎的香菜叶，搅拌一下。

向锅中加2汤匙油，再加入晾凉的白米饭。等锅里的饭热透，加入炒好的菜，然后加入番茄酱，并用盐和胡椒调味。将锅里的炒米饭放到一边，备用。

将鸡蛋打入一个碗里，和牛奶混合在一起。我们要用牛奶蛋液做薄薄的煎蛋卷。

向一个宽底煎锅中倒一点剩下的油，等油热后倒入四分之一的蛋液，让蛋液在锅中停留1分钟。保持小火，用勺子盛四分之一的炒饭，放到一半蛋卷上。将剩下的一半蛋卷折过来，盖住米饭，再用小火加热1分钟，将折好且填充了炒饭的蛋卷倒入盘中。用同样的方法，做出剩下的蛋卷。搭配多余的番茄酱，作为小吃享用吧。

糯　米

　　这并没有什么科学依据，只是一个美丽的传说。遗传学家们说，早在一千年以前，在东南亚内陆深处的某个地方，一个农民偶然发现了一株奇怪的水稻苗，它结的稻米要比正常的稻米黏一些。怀着好奇心，农民把稻米煮了，并且从这株基因突变的稻苗上获得了启示。如今，在中国和日本的很多地区，糯米已经是那里的主粮。

　　正常的大米有两种淀粉：直链淀粉和支链淀粉。糯米缺少直链淀粉，这就使它具有黏稠的特性。糯米的出现可以追溯到单一的进化起源。那唯一的一株稻秧该是多么独特，多么奇妙，它生来就没有直链淀粉。一户农家发现并爱上了它，使它成为世界上公认的一种稻米种类。

　　很多国家都宣称自己是糯米的原产国。糯米在中国也被称为江米——有白色和紫色两种，中国人喜欢用它来做点心和甜品。日本的糯米味甜——这对日本人来说不是什么坏事。泰国糯米也分白色和黑色两种，黑色糯米煮熟后呈现很好看的紫色，它经常搭配泰国香米做成口味浓郁的甜点。

糯米的烹饪方法
　　对于这种外层发硬的米确实需要充分浸泡才能确保它黏糯的特性。你可以选择蒸，也可以选择煮。

　　* 将糯米放入冷水浸泡至少 1 个小时，最好泡一个晚上，充分浸泡后沥干。

蒸的方法
　　* 蒸：在蒸笼上铺一层细棉布或纱布，然后把米倒在上面。盖好盖子，用大火蒸约 30 分钟，直到糯米变软。

煮的方法
　　* 米和水的比例是 1 杯米加 2 杯水（稍稍不满），即 190 克米加 450 毫升水。

　　* 将糯米放入滤锅，在自来水下淘洗，直到水变清为止，沥干。

　　* 将米和水按比例放进煮锅，煮沸之后再改小火煮 15 分钟，锅盖不用盖严，直到锅里的水蒸干，锅里的米上留下坑洼不平的表面。

　　* 将锅盖盖严，关火，将锅放到一边焖 20 分钟。

荷 叶 饭

4 人份
准备时间: 30 分钟
不含浸泡时间
烹饪时间: 1 小时 25 分钟

· 300 克糯米
· 2 张大大的荷叶

中式填料

· 1 汤匙虾米
· 2 个干香菇
· 1 汤匙葵花子油
· 100 克鸡胸肉,去皮去骨,
  细细地切成丁
· 1 小瓣蒜,切碎
· 1 根葱,切碎
· 1 根腊肠,薄薄地切成片
· ½ 汤匙蚝油
· ½ 汤匙生抽
· ½ 汤匙糖
· ½ 茶匙芝麻油
· ½ 汤匙玉米淀粉
· 少许辣椒酱

我真的很爱那种打开荷叶时焦急的、渴望的感觉。不得不佩服中国人的杰出创意,他们总是有很多办法将多种味道混合在一起。荷叶里究竟包裹着什么味道? 除了荷叶,盘子里没有其他配菜。它们不仅仅是单纯的包裹,还给这个味道大派对带来无限风味。

在做此菜前,用水将糯米浸泡一晚,水面要没过糯米。淘洗3 次并沥干,放入铺有细棉布或纱布的竹制蒸笼,蒸 30~40 分钟。等糯米蒸熟后,放到一边慢慢冷却。

在蒸米饭的同时,用开水将干虾米浸泡 45 分钟,沥干。干香菇用开水浸泡 30 分钟,等香菇变软后捞出沥干,挤出多余的水分。

将荷叶放入开水中浸泡 10 分钟,直到荷叶变软为止。把荷叶甩干,将它们切成 4 等份。

现在开始做填料。用大火热锅,加入一半的油,将鸡肉翻炒至微黄。加入虾米、蘑菇、大蒜、葱和腊肠,继续翻炒 2 分钟。

加入蚝油、生抽、糖和芝麻油。向玉米淀粉中倒入 200 毫升水,混合均匀后倒入酱汁。小火慢炖,不停搅拌,直到酱汁变黏稠。

将冷却的糯米握成 8 个饭团。做之前,先把手弄湿,以免糯米粘在手上。

每片荷叶上放一个饭团。轻轻拍平,在饭团中间做一个凹陷。用勺子挖四分之一的填料放进凹陷处,将第二个饭团拍平,轻轻放在第一个饭团上面,再将两个饭团捏成一个球。将荷叶像折信封一样叠起来,把饭团牢牢包在里面。重复此步骤,再做出 3 个荷叶饭团。

在锅里放上笼屉,将水烧开。将包着荷叶的饭团放进去,盖好盖子,蒸 30 分钟。

可以上桌了。打开包裹着的荷叶,不需要餐盘,就在荷叶里享用就可以了。趁热享用美食,还可以在旁边准备一份辣椒酱。

印 尼 炒 饭

4 人份
准备时间：20 分钟
烹饪时间：30 分钟

- 140 克印度香米，淘洗干净并沥干
- 125 克四季豆，择净，切成适合吃的长度
- 2 个大洋葱，细细切碎
- 5 汤匙葵花子油，再额外多准备一些用来煎洋葱
- 2 块鸡胸肉，去皮去骨，切成细细的鸡柳
- 170 克虾，去壳，去掉虾线
- 1 汤匙印尼甜酱油
- 6 根小葱，切成葱花
- 1 大汤匙香菜叶，细细切碎，再多准备一些备用
- 4 个鸡蛋
- 适量盐
- 少许辣椒油

虾仁辣酱

- 100 克虾米
- 2 瓣大蒜
- 3 个大个红辣椒，去籽，切碎
- 3 汤匙烤花生，拍碎

就是这种旧金山街头版的印尼经典炒饭勾出了我身体里深藏的米饭 DNA。香脆的煎蛋中咸味蛋黄慢慢流到香甜扑鼻的米饭上，那种相互的浸染带给人无限享受的味道，真是让人大爱。这道菜的关键是印尼甜酱油。不管是剩饭还是新做的米饭，加入一些印尼甜酱油，几分钟之后都能得到一份香喷喷的经典米饭菜肴。

将米放入煮锅，加入 350 毫升水，煮沸后用小火慢炖 10 分钟，不加锅盖，直到锅里的水几乎被蒸干。盖紧锅盖，关火，静置 15 分钟。也可直接使用 400 克熟米饭。

将虾米放入 240 毫升水中浸泡 10 分钟，沥干，保留浸泡虾米的水，为做虾仁辣酱做准备。

将四季豆放进开水中焯 1 分钟，捞出沥干，放到一边备用。

向锅中加 3 汤匙葵花子油，用中火煎洋葱。我们要把洋葱煎得金黄、松脆、香甜，所以每次都少放一些，时不时地翻动一下它们。等锅里的洋葱煎得金黄，把它们放到纸巾上把油吸干，放到一边冷却。

现在开始制虾仁酱。把沥干的虾米和其他制作虾仁酱的食材都放进食品加工器，细细绞碎。加入适量刚才保留的浸泡虾米的水，将虾仁酱稀释一点儿。

将剩下的油倒入大号炒锅，用中高火加热，加入虾仁酱迅速翻炒几分钟。加入鸡肉，炒至微微发黄，再加入焯好的四季豆。继续翻炒，直到它们完全熟透。我们现在已经处于这道菜肴烹饪的最后阶段了。

接下来，向热酱汁中加入生虾，直到它们都变红。将火调小，加入米饭。虾仁酱汁的味道会慢慢渗入到变软的米饭里面。加入印尼甜酱油——这是扑鼻而来的香甜味的核心，也是美味的印尼炒饭的灵魂，再用盐调味。如果你想这道炒饭没那么干，可以再多加一点浸泡虾米的水。最后，撒上小葱和香菜叶。

同时，在热油中煎几个太阳蛋，将蛋下面煎得焦黄。将炒米饭等分到各个盘子里，在每份炒饭上面放一个煎蛋。再在上面撒一些香菜和煎得香脆的洋葱，在旁边备上辣椒油。

农家乐煎蛋卷

虽然这道菜选择了一些明显的乡村食材，但是富有烟熏味的西班牙辣香肠和优雅米粒的高贵结合，使这道菜肴没有任何乡村气息。鹰嘴豆罐头已经准备好了，这些小小的豆子，能够释放大大的味道，为这道简单而丰盛的晚餐增添一些不同的口感。

- 2 个西红柿
- 3 汤匙葵花子油
- 1 个洋葱，切碎
- 200 克西班牙辣香肠，切片
- 175 克鸡胸肉，去皮、骨，切丁
- 350 克意大利米，淘洗干净并沥干
- 1 升鸡肉高汤
- 115 克煮熟的鹰嘴豆
- 6 个鸡蛋
- ½ 个橙子，榨汁
- 1 茶匙切碎的洋香菜叶
- 适量盐和新鲜磨制的黑胡椒

在每个西红柿顶上划一个"十"字，先放进一碗开水中，再扔进一碗冷水中。等到西红柿稍凉，剥掉皮，将果肉切碎。

将烤箱预热到 190℃，选择一个带盖子的、耐火的浅砂锅。

在砂锅中倒入油，加热，加入洋葱和西班牙辣香肠，用中高火煎至金黄。加入西红柿，翻炒几分钟，再加入鸡肉，炒至发黄。

加入米饭，翻炒约 1 分钟，再倒入鸡汤，用盐和胡椒调味。煮沸之后改小火，加入鹰嘴豆。将盖子盖紧，用小火煮 15 分钟，直到米饭变软，锅里所有的汤都收干。将锅从火上拿下来。

将鸡蛋打到一个碗里，加入橙汁一起搅打。把蛋液混合物倒在米饭上，然后将砂锅放进烤箱，不加盖，加热 10 分钟，直到鸡蛋变得有些微微发焦，撒一些切碎的洋香菜叶。趁热享用吧。

里脊腰果一锅出

4 人份
准备时间：10 分钟
烹饪时间：25 分钟

这道菜绝对算不上大餐，但可以帮你解决掉剩饭。那些令人头疼的剩饭，因为生抽和猪肉的映衬恢复了往日的美味，变得柔软。只需冰箱里的基本库存，再加上一包顺路在超市购买的腰果，就解决了。一顿美味的四人晚餐，就是如此简单。

· 2 汤匙葵花子油

· 2 个洋葱，切丁

· 2.5 厘米的生姜，去皮切碎

· 2 瓣大蒜，切碎

· 85 克腰果

· 2 根胡萝卜，去皮，切丁

· 2 汤匙绵红糖

· 225 克猪里脊肉，切丁

· 2 茶匙盐

· 3 汤匙生抽

· 270 克长粒白米或糙米

· 1 汤匙切碎的香菜叶

· 少许辣椒油（可选）

往平底锅里倒入葵花子油，用中火加热，加入洋葱、生姜、大蒜，炒至爆香、发黄，再倒入腰果，翻炒约 2 分钟。

加入胡萝卜和红糖，炒约 5 分钟，直至胡萝卜变软。加入猪肉，用大火爆炒，直到猪肉开始变成棕色。加入盐和生抽，再加入 120 毫升水，加热，使锅里的东西一直冒泡。

倒入米饭，一旦锅里的米饭热透，就把锅里的东西倒入餐盘，再撒上一些切碎的香菜。准备一份辣椒油，如果有人喜欢的话，可以加一些。

4 人份
准备时间：30 分钟
烹饪时间：45 分钟

印 加 沙 拉

虽然这道沙拉起源于秘鲁，却拥有阿比盖尔派对的精彩——特别是如果你用透明的餐碗来盛放，并把这些不同色彩的食材一层层摆放得像彩虹一样。不过，我更喜欢将沙拉随心地放在大木盘上，看上去有种不经意的别致。就让这斑斓的色彩随意绽放吧。

· 115 克长粒糙米，浸泡 2 个
  小时，洗净沥干
· 1 个红辣椒，去籽，分成两半
· 1 个小洋葱，切片
· 少许橄榄油
· 1 汤匙切碎的香菜叶
· 115 克新鲜的四季豆，分
  成两半
· 50 克香嫩甜玉米
· 1 个牛油果
· ½ 个柠檬，榨汁
· 75 克混合蔬菜沙拉
· 100 克熟火腿，切碎
· 1 汤匙酸豆，洗净沥干
· 10 个塞有胡椒的青橄榄，
  切成两半
· 4 个水煮蛋，每个水煮蛋等
  切成 4 份

酸奶调味汁
· 1 瓣大蒜，拍碎
· ½ 茶匙砂糖
· ½ 茶匙英式芥末
· 3 汤匙原味酸奶
· 2 汤匙柠檬汁
· 3 汤匙葵花子油
· 4 汤匙橄榄油
· 适量盐和新鲜磨制的黑辣椒

将米放入煮锅，加入 500 毫升水，用大火煮沸，改中小火慢炖 10 分钟，直到锅里的水几乎都被吸干。盖紧锅盖，关火，将锅放在一边，让米饭自然冷却。

将烤架或烤箱预热，将对半平分的红辣椒和洋葱放在烤盘上，在上面淋一些橄榄油，放到烤架上烘烤。直到辣椒开始变黑且表面开始起泡，洋葱变成金黄色。将辣椒翻面，洋葱轻轻搅拌，使它们受热均匀。

等红辣椒放凉，将辣椒皮剥下并将辣椒切成条。

接下来制作酸奶调味汁。把所有的材料都放进一个碗里，搅拌均匀，用盐和胡椒调味。

将煮熟的米放进一个大号沙拉碗内，加入一半的调味汁和一半切碎的香菜叶，再加入烤过的洋葱，搅拌均匀。

在一个厚底煮锅中加入半锅水，煮沸后加入四季豆，煮约 2 分钟。加入甜玉米，煮几分钟，直到玉米变软。将锅里的蔬菜捞出沥干，用冷水冲一下，使其迅速冷却。

在冷却蔬菜的过程中，将牛油果去皮、核，切片，浇入一点儿柠檬汁。

将牛油果、蔬菜沙拉、四季豆、甜玉米、火腿和红辣椒条混合在一起，再倒入剩下的沙拉调味汁、榨取的柠檬汁和适量盐，小心地搅拌。

用勺子将拌好的沙拉放到米饭上，再撒上酸豆、橄榄和剩下的香菜叶，将切好的水煮蛋放进蔬菜里即可。

烹饪的核心

　　16 世纪 20 年代，身为殖民者的西班牙人将大米带到了美洲的南部、中部及加勒比海地区。他们将原产自亚洲的大米带到了墨西哥和其他远离亚洲的海岸。据说，大米之所以能成为南美的重要主食，被葡萄牙人运送来的非洲奴隶在这个过程中发挥了重要作用。南美洲的国家接受了大米，并把它当成烹饪核心。在南美国家，大米在厨房中的地位稳固。很多国家都有其独特的大米的烹饪法，用不同口感、色彩的食材搭配大米，制成各式各样的菜肴。

　　举世皆知，尼加拉瓜每一餐都会吃用大米和豆子做成的"红豆饭"，这也是哥斯达黎加人的最爱。我们都知道，英国人泡得一手好茶，而在哥斯达黎加，每个人都做得一手美味的红豆饭。

　　厄瓜多尔人喜欢用阿罗斯黄米（arrosamarillo）来做主餐的配菜。黄色来自一种天然食品染料——胭脂树。由于厄瓜多尔的纬度较高，烹饪米饭所需的时间要比低纬度地区长一些。因此，厄瓜多尔的大厨真的需要具备烹饪米饭的技巧，做出的米饭要有恰好的口感，不能太软或过烂。

　　秘鲁人创造出一个令人赞叹不已的白米菜肴，基本上可以单吃。这道菜肴被叫作"arrozgraneado"，翻译过来就是"大米粒"的意思。它本质上就是米饭，开始的时候用油和大蒜爆锅，然后用高汤把白米煮熟。用这种方法烹饪白米，可以提升白米的质感和口味。

珍珠肉丸子

4 人份
准备时间：20 分钟
不含浸泡时间
烹饪时间：40 分钟

· 325 克糯米
· 450 克绞碎的猪肉
· 1 根小葱，细细地切成葱花
· 70 克荸荠，细细切碎
· 1 个鸡蛋，去蛋白
· 1½ 汤匙细细切碎的新鲜
　生姜
· 2 汤匙生抽
· 1 汤匙绍兴米酒
· 1 茶匙盐
· 1 汤匙玉米淀粉
· 1½ 茶匙芝麻油
· 适量老抽

这道简单的中国菜总会让我想起小小的海胆，放进嘴里，舌头上会感觉到刺刺的粗糙感。烹饪的时候，裹在肉丸子上的糯米变成了一颗颗珍珠，让这道菜更吸引人。虽然糯米像珍珠一样好看，但是制作糯米需要很长的时间。如果时间允许的话，在做这道菜之前最好将糯米浸泡一晚。

做这道菜之前，用水将糯米浸泡一晚。在开始做的时候，将浸泡好的糯米沥干，将米粒铺在烤盘上。

除了芝麻油和老抽，将所有的食材和调料都混合在一起。将混合物做成 24 个直径 2 厘米的丸子。将丸子在烤盘的糯米上滚一滚，使丸子上裹满糯米。将做好的丸子排在蒸盘上，间隔为 1 厘米。我们需要一次蒸好几个丸子。

将蒸盘放进蒸笼里，分几次蒸熟这些丸子。将丸子上的糯米蒸软，猪肉蒸熟透，约 20 分钟。蒸好之后，在上面淋一些芝麻油。

准备一份供蘸食的老抽，趁热享用吧。

4 人份
准备时间：10 分钟
烹饪时间：35 分钟

帕尔玛火腿豌豆调味饭

调味饭就像是碳水化合物做成的一床舒适的被子，让味觉昏昏欲睡，因此它们需要一些怪异且具有颠覆性的味觉冲击，才会让我们的舌头保持清醒。帕马森干酪就是最常见的颠覆分子，它带有一点甜的辛辣味，口感顺滑。帕尔玛火腿——充满激情的咸味培根，也是一个伟大的味觉唤醒者。我喜欢在最后的时候挤上一点柠檬汁，为这道调味饭增加一点提神的味道。这道特别的调味饭是很棒的轻食，享用的时候可以搭配白鱼肉或禽肉。

- 2 汤匙橄榄油
- 1 个洋葱，细细切碎
- 400 克意大利米，洗净并沥干
- 120 毫升白葡萄酒
- 900 毫升热鸡汤
- 55 克冷冻豌豆
- 75 克帕尔玛火腿或意大利熏火腿，切成细条
- 30 克黄油
- 30 克新鲜磨碎的帕玛森干酪
- 适量盐和新鲜磨制的黑胡椒
- 1~2 个柠檬，切成楔形

油入炖锅加热，下入洋葱煎至透明。加入米，翻炒 2 分钟，不停地搅拌。加入葡萄酒，不停搅拌，直至葡萄酒被吸干。

加入鸡汤，一次加满满的 1 大勺，等加入的鸡汤被吸收后再加入下一勺。这个过程大概需要 20 分钟。等米饭快要煮熟的时候，加入豌豆和帕尔玛火腿（或意大利熏火腿），直到调味饭呈奶油状。

加入黄油和帕玛森干酪，搅拌均匀，用盐和胡椒调味。建议把切好的柠檬摆在旁边，趁热享用。

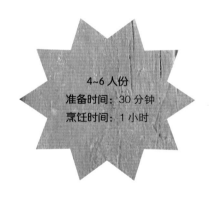

特兰西瓦尼亚烘肉卷

我对出现在菜单上的烘肉卷完全没有抵抗力。它有自己隐藏的做法和秘密材料，除非你咬一口，否则你永远不会知道，在这道特兰西瓦尼亚烘肉卷中，鸡蛋的白色和黄色深深藏在香郁紧实的肉馅里。

4~6 人份
准备时间：30 分钟
烹饪时间：1 小时

- 1 汤匙葵花子油
- 5 个鸡蛋
- 100 克长粒白米，洗净沥干
- 60 克烟熏培根，切丁
- 2 个洋葱，切碎
- 1 汤匙切碎的洋香菜叶
- 450 克细细绞碎（切碎）的牛肉
- 450 克细细绞碎（切碎）的猪肉
- 1½ 茶匙盐
- ¼ 茶匙新鲜磨制的黑胡椒
- ½ 茶匙干牛至
- 180 毫升番茄汁（番茄酱）

将烤箱预热至180℃。在容量为900克的面包烤箱里刷一层油。

将3个鸡蛋放进煮锅，加入没过鸡蛋的水，大火煮沸，转小火煮6~8分钟。将鸡蛋捞到一个滤锅里，放到自来水下冲洗，让鸡蛋快速变凉，之后剥皮，放到一边。

将白米和240毫升水放进一个小号的煮锅里，用大火煮沸，再用小火慢炖5分钟。将锅里的米倒入滤锅中沥干。为了快速冷却，用冷水冲洗，之后放到一边备用。

用煎锅煎培根，直到它释放出里面的脂肪。放入洋葱和洋香菜，翻炒至洋葱有些萎缩、培根变得金黄。

将牛肉碎和猪肉碎混合到一个碗里，加入锅里的培根、洋香菜、脂肪和所有碎渣，搅拌均匀。

往肉和培根混合物中加入煮熟的米、盐、胡椒、牛至、番茄酱或番茄汁。将剩下的2个鸡蛋打入，用手将蛋液抓匀。

将三分之一的肉馅放进准备好的面包烤盘。将去了壳的水煮蛋纵向放到肉馅中间，然后将剩余的肉馅盖在上面。在这条肉馅上面刻上钻石形图案，放进烤箱。

烘烤1个小时，直到肉从面包烤箱的侧壁上剥离开来。将烤好的肉卷从烤箱里拿出来，将面包烤箱里多余的油从侧面倒走。将肉卷放在面包烤箱里静置30分钟。

将肉卷倒出来，切成厚片，冷食或热食都不错哟。

牛腩石锅拌饭

牛腩石锅拌饭是韩国的特色饮食。传统意义上，盛放的餐具应该是热乎乎的石锅，在锅底形成的锅巴非常香。每当牛腩石锅拌饭端上桌，我都会深深地挖上一大勺。当勺子从拌饭深处满载而出时，我会满怀喜悦地细看勺子里挖上来的都有什么。做石锅拌饭一定要加上韩国辣椒酱——有一点黏稠且带有甜味，那种略带甜味的东方味道使米饭更美味。通常，石锅拌饭上面会放一个太阳煎蛋，在你开动之前，要毫不怜惜地将煎蛋捣碎，拌入饭里。

- 225 克泰国香米，洗净沥干
- 3 汤匙酱油
- 1½ 汤匙米醋
- 1½ 汤匙砂糖
- 3 瓣大蒜，拍碎
- 1½ 汤匙芝麻油
- 300 克肋眼牛排或牛里脊，切成薄片
- 适量葵花子油
- 115 克香菇，去茎，细细切成丁
- 2 根小胡萝卜，去皮，细细切成丝
- 150 克豆芽
- 300 克小白菜，粗切几刀
- 4 汤匙韩国辣椒酱
- 2 茶匙芝麻
- 3 根小葱，细细切成葱花
- 少许盐和新鲜磨制的黑胡椒

将米和 455 毫升水放进煮锅，稍加一点儿盐。用大火煮沸，改中火煮约 20 分钟。当所有的水都被吸收，关火，将盖子盖紧。

将酱油、米醋、糖、大蒜和一半的芝麻油混合在一个碗里，充分搅拌，使加入的糖都化开。将切好的牛排放进混合好的腌泡汁中，使牛肉沾满腌泡汁，放一边备用。

向炒锅内加入一点葵花子油，用大火加热。放入香菇翻炒，再淋上一点儿芝麻油，用盐和胡椒调味。翻炒 2 分钟，将它们从锅中倒出，放到一边备用。

用上述方法分别翻炒一下胡萝卜和豆芽，再分别倒出来，放到一边，准备稍后放进拌饭里。

用同样的方法翻炒小白菜，加一半的辣椒酱，再加入一半的芝麻和剩下的芝麻油。翻炒 2 分钟，直到小白菜变蔫。

用大火将炒锅里的油加热，加入腌制过的牛肉，翻炒 2~4 分钟，直到锅里的牛肉都熟透，水分都蒸发。

将米饭装入餐碗里，在每碗米饭上加入四分之一的牛肉和四分之一的各种蔬菜。将它们像比萨一样按顺序排列，一种颜色挨着一种颜色，撒上一些葱花和剩下的芝麻。趁热享用吧。

4 人份
准备时间：20 分钟
烹饪时间：25 分钟

羊 肉 丸 子

如果亚洲人的冰箱里有绞碎或切碎的羊肉，他们一般会用来制作这种五香肉丸。肉丸的制作方法非常简单，做出丸子的形状就可以了。肉丸通常会和饼搭配来吃，记得在肉丸上浇一些你自己调制的酱汁。尽情享用，把自己也吃成一个肉丸子吧。

- 125 克印度白香米，洗净沥干
- 1 个白洋葱，切丁
- 2.5 厘米新鲜生姜，去皮，细细切碎
- 1~2 个青椒，去籽，细细切碎
- 50 克去核的干枣
- 2 瓣大蒜，拍碎
- 2 汤匙橄榄油
- 30 克切得非常细的薄荷叶
- 30 克切得非常细的香菜叶
- 500 克绞碎（切碎）的羊肉
- 1 茶匙印度咖喱粉
- 1½ 茶匙孜然粉
- 2 汤匙番茄泥或番茄酱
- ¼ 个柠檬，榨汁
- 适量盐和新鲜磨制的黑胡椒
- 少许饼和蘸着吃的酸奶

用大火将厚底炖锅中的 480 毫升水煮沸，加入印度香米煮 6~8 分钟，沥干后放到一边。

将洋葱、姜、青椒、干枣和大蒜放入食品料理机里粗粗地搅碎。

将 1 勺橄榄油放进平底锅，加热，倒入洋葱和姜的混合物，用中小火翻炒 5 分钟，直到洋葱变得透明，散发出爆香。

将炒过的洋葱混合物倒进一个大碗里，加入切碎的薄荷叶、香菜、羊肉、香辛调料、番茄泥（番茄酱）、柠檬汁和煮过的米，用盐和胡椒调味。用手揉捏 5 分钟，确保香料和食材混合均匀。用手做出 12 个长约 7 厘米的长椭圆形肉丸，刷上油。

向平底锅中倒入一点油，用中火加热。将肉丸放入锅中，不停地翻面。这样煎约 8 分钟，直到肉丸熟透。

搭配饼和凉爽的酸奶享用吧。

咯吱脆米饼

我曾经和一个意大利学生合住过，他是个十足的"怪咖"。在失恋的晚上，他会穿着阿玛尼的休闲装，在一阵香料的烟雾中，为自己做一份洁白光滑的调味饭，并配上一份新鲜的沙拉。第二天的早上，笼罩在恋情挫败阴霾下的他，又将他失败的调味饭做成非常好吃的咯吱脆米饼。"这是我妈妈教我的。"他依然愤愤不平，似乎这足以代替他的社交能力。

4 人份
准备时间：20 分钟
烹饪时间：45 分钟

三文鱼和藏红花调味饭

· 8 株藏红花
· 75 克黄油
· 1 个洋葱，细细切碎
· 280 克意大利米，洗净并沥干
· 1.2 升热鸡汤
· 80 克新切碎的帕玛森干酪
· 350 克三文鱼片，切成薄片
· 适量盐和新鲜磨制的黑胡椒

米饼

· 1 汤匙切碎的洋香菜叶
· 1 汤匙香葱葱花
· 1 茶匙切碎的小茴香，再额外准备一些
· 1 个鸡蛋，打成蛋液
· 4 汤匙米粉，再多准备一些用来擦手
· 少许橄榄油

将藏红花放进一个小碗，加入热水没过藏红花，浸泡 10 分钟。

用炖锅将一半的黄油加热，加入洋葱煎至变软。加入意大利米，翻炒 5 分钟左右。

现在加入鸡汤。先加入满满 1 大勺，用小火熬煮，不停搅拌，等倒入的鸡汤被吸收干净，再倒入下一勺。倒入藏红花及浸泡藏红花的水。大约在 20 分钟之内调味饭会吸收完所有的鸡汤，呈奶油凝脂状。

加入剩下的黄油和帕玛森干酪，等它们融进调味饭，加入三文鱼片。轻轻翻炒 2 分钟，直到鱼片熟透。立即关火，用盐和胡椒来调味。如果你想立即享用调味饭，在上面撒一些现磨黑胡椒，趁热吃。

我们要用凉透的调味饭或剩饭来制作咯吱脆米饼（rubble and squeak）。等调味饭晾凉，加入切好的香菜叶、葱花、小茴香和打好的蛋液，再拌入足够多的米粉，使混合物既柔软又有韧劲。在手上沾一些米粉，用调味饭、米粉团做成一个直径约为 13 厘米、厚度约为 2 厘米的饼。

用中小火将平底锅里的油加热，将饼分批放进锅中，用油煎 4~5 分钟，两面都要煎成均匀的金黄色。炸好后用纸巾将油吸干，稍放凉，撒上小茴香粉。

4 人份
准备时间：20 分钟
烹饪时间：15 分钟

菠萝鳀鱼饭团

· 30 克菠萝
· 1 茶匙黄油
· ¼ 个小红辣椒，去籽，细细切碎
· 1 茶匙绵红糖
· 1 个青柠檬，榨汁
· 5 根油炸鳀鱼柳，将油吸干
· 适量菜籽油或葵花子油
· 帕尔玛干酪鼠尾草白葡萄酒烩饭适量（见 173 页）
· 60 克优质马苏里拉奶酪，切成小方块
· 55 克面粉
· 1 个鸡蛋，打散
· 100 克干面包屑

意大利的妈妈们如果看到这份食谱，一定会哭着喊着说，这不是她们的肉酱做法。把菠萝和鳀鱼结合在一起，确实是源自被无数越南人喜爱的一种酸酸甜甜的蘸酱。坦白地说，我尝试了很多次，终于做出了这款美味的饭团。为了做成这样的饭团，我不得不放弃我的休闲活动。为了我专横的味觉，我大胆地掺杂了意大利经典味道，我请求大家的原谅。但是，请品尝一口。相信品尝以后，你一定会收回你轻蔑的微笑。

将菠萝放入食品料理机中搅打。

将黄油放入小号煎锅，用中火加热至开始冒烟。加入辣椒、糖、青柠汁和菠萝，翻炒 1~2 分钟，直到里面的汤汁彻底融合且有一点黏稠，关火。

将鳀鱼柳放进炒过的菠萝泥中，用勺子背面将鱼柳捣碎。

在手上搓一点儿油，挖一勺调味饭放入掌心并将其拍扁。在饼中间放入一块方形马苏里拉奶酪和 ¼ 汤匙菠萝鳀鱼混合物，使调味饭饼轻轻包起馅料，揉成一个结实的小球。重复这个过程，直到所有的调味饭都用光。我们要做 16 个小球。

将小球放在面粉中滚一滚，再放入蛋液中，使小球外面迅速裹满蛋液，再放到面包屑中滚一滚，然后放到盘子里。

在大号炒锅中倒入油，大火加热，放入少许面包屑来试一下油的热度，当面包屑上面开始"滋滋"冒泡时，油温就合适了。将饭团轻轻地分批放进油锅，炸 5 分钟左右直至金黄。用漏勺将炸好的饭团捞出来，用纸巾将油吸干。

趁热享用吧——但是千万别端到你的意大利婆婆面前。

寿 司 米

　　原本，我一直都不太在意寿司米，直到有一天我在电视上看到奈杰拉·劳森。她穿着一件晨袍，跷着腿，蘸着韩国寿司酱，把寿司米饭大口大口地吞进肚子。我想，这种大米或许值得尝试。寿司米是一种短粒、白色的日本米。把它和米醋、糖、盐混合便可以用来制作寿司。这种做法使寿司米香甜可口，色泽诱人，令人愉悦。

　　除了比其他米稍黏一点儿，寿司米也没有什么特别需要注意的地方了。对我来说，这种介于普通长粒米和糯米之间的米黏度刚刚好。它正好有足够的黏度，可以做成香甜、坚固的米饭载体，足以承载味道浓烈的酱汁。在那些使用筷子的饮食文化里，人们都很喜欢美味且稍微有些发黏的寿司米。

　　在日本买到的寿司米已经用糖、盐和米醋处理过。在西方，比较受欢迎的寿司米是国保圆米（Kokuho Rose）、富田圆米（Calrose）和日本真珠米（Japanese Rose）。如果没有寿司米，可以选择圆圆的、珍珠般的东北大米。它经济实惠，美味黏糯，拥有适宜的甜度。

寿司米的做法

* 米和水的比例是 1 杯米加 1¼ 杯水，即 190 克米加 300 毫升水。
* 将米放进滤锅，在流动的冷水下淘洗干净，沥干。
* 将米和水按比例放进煮锅，煮沸后不加盖，慢炖约 15 分钟，直到锅里的水被吸干。
* 关火，盖紧锅盖，静置 15 分钟。

用寿司米做寿司

* 按照上面的方法，煮 3 杯米（要加入 3¾ 杯水）。
* 用另一个锅加热 80 毫升米醋、3 汤匙糖和 1 汤匙盐，制成调味汁。
* 将煮熟的寿司米放入一个宽宽的非金属盘，在上面洒一些调味汁。使用饭铲轻轻搅拌，使味道融入米饭中。寿司米冷却得越快、干得越快，米的光泽就越漂亮。就算用扇子扇也不算过分，信不信由你。

蜜汁鱿鱼寿司饭

· 280 克寿司米

· 5 汤匙米醋

· 1 汤匙糖

· ½ 茶匙海盐

蜜汁鱿鱼

· 2 汤匙罗望子酱

· 2 汤匙青柠汁

· 1½ 亚洲鱼露

· 2 瓣大蒜，拍碎

· 1 汤匙细砂糖

· 1 茶匙甜辣酱

· 1 个小红皮洋葱，细细切片

· 1 小把香菜叶，切碎，再多
  准备一些吃的时候撒上

· 1 小把薄荷叶，切碎

· 500 克大只鱿鱼，清洗干净

· 1 茶匙盐

这道蜜汁鱿鱼寿司饭香甜诱人，香气扑鼻。然而对我来说，在这道寿司饭里，寿司米饭实在太过平淡，好像不曾存在。相对于默默无闻却让人舒适的白米饭，我更喜欢刺激味蕾、味道香浓的甜味鱿鱼。如果你想吃更辣一点儿的，可以加一点儿切碎的朝天椒。切记，千万别加太多，否则整个嘴巴都会充斥着辣味，好像吃一口寿司鱿鱼就能像火龙一样喷出火来。

将米用冷水淘洗，直至淘洗的水变清。此过程约 15 分钟。

将米放进煮锅，再加入 570 毫升冷水，水面没过锅里的米，用大火煮至沸腾。加盖，改小火熬煮 15 分钟。关火，盖紧锅盖，放到一边静置 15 分钟。

在煮米的同时，将醋放进小号煮锅，用小火煮沸。关火，加入糖和盐，搅拌至完全溶解。将糖醋混合调味汁和米饭放进一个大碗，搅拌至混合均匀，放到一边晾凉。

在罗望子酱中加入 60 毫升温水，搅拌均匀。再加入青柠汁、鱼露、大蒜、糖、甜辣酱、洋葱、香菜叶和薄荷叶，充分搅拌，直至里面的糖完全溶解。

将鱿鱼切条，在鱿鱼条上没有膜的那一面轻轻用刀割出纵横交错的直线。将鱿鱼须从中间切断。

取一大号煮锅，加入水和盐煮沸，下入鱿鱼氽约 45 秒，等到开始变白即可。倒入滤锅，在冷水下冲洗，可省略冷却的过程。将鱿鱼放入酱汁中，拌匀。

用勺子将鱿鱼舀到寿司饭上，淋一些酱汁，再撒上一些香菜叶即可享用。

特色炸鱼柳

好吧，我承认这其实就是炸丸子。这是一种地道的日本特色食品，但是请放心，我们并不需要寿司米。我们做出的炸鱼条要外焦里嫩：里面香甜可口，像寿司一样鲜嫩；外面裹着厚厚的面包屑脆皮，咬上一口"嘎吱嘎吱"响。

· 350 克鳕鱼片，切成薄片
· 1 汤匙盐
· 115 克短粒白米，淘洗干净并沥干

炸鱼条面糊
· 5 汤匙米醋
· 2 茶匙细砂糖
· 1 茶匙盐
· 3 个鸡蛋
· 2 汤匙细细切碎的小葱
· 少许菜籽油或葵花子油
· 115 克日式面包屑
· 适量塔塔沙司和楔形柠檬

将鱼放在一个碗里，撒上盐，轻轻搅拌，腌制 30 分钟，用冷水冲洗干净。

在煮锅中放入米和 350 毫升水，煮沸后改用中火煮至所有的水分被吸干。关火，盖紧锅盖，放置 15 分钟。

将米醋、糖和盐放进一个小号煮锅，煮沸并保持沸腾 2 分钟，确保糖和盐完全溶解，冷却待用。

将米饭倒入一个大号碗中，再加入冷却的醋，晾凉待用。

在冷却的米饭中打入一个鸡蛋，加入鱼片、葱花充分搅拌，确保所有材料都混合均匀。

将手洗净，搓一些油。用手做出 16 个左右直径 4~5 厘米的丸子，放在托盘上，放入冰箱冷藏至少 30 分钟。

将剩余的鸡蛋轻轻打到一个浅浅的盘子里，在另一个托盘上撒一些日式面包屑。将鱼柳从冰箱中取出。

用大火将炒锅中的油加热。向锅里放几个面包屑来测试温度。如果面包屑表面"嘶嘶"地响并很快炸透，那么油温就合适了。将每个鱼柳裹满蛋液，在面包屑中滚一滚。

将鱼柳分批放入锅中炸至金黄，约 5 分钟。用纸巾将油吸干，搭配楔形柠檬和塔塔沙司即可享用。

浓茶鹰嘴豆砂锅

这是在印度最受欢迎的美食之一。按照印度的传统，浓茶鹰嘴豆砂锅应该搭配 bhatura 或 puri——它们是印度经典油炸面包。"你应该开一家饭店，就卖这个和 puri。"我妈妈曾经这样跟我说，"我敢保证这样就能做得很好，你记住我的话。"后来我真的那样做了。果不其然，浓茶鹰嘴豆成了我店里最畅销的产品。

- 1 汤匙浓茶茶叶
- 1½ 汤匙葵花子油
- 2 个洋葱，细细切成丁
- 2.5 厘米新鲜生姜，去皮，切成姜末
- 1 瓣大蒜，拍碎
- 1~2 个绿色朝天椒，去籽，细细切碎
- 1 茶匙绵红糖
- 1 茶匙姜黄根粉
- ½ 茶匙孜然粉
- 1½ 茶匙葛拉姆马萨拉（印度香料）
- ¼ 茶匙辣椒粉
- 100 克印度白香米，淘洗干净并沥干
- 400 克鹰嘴豆罐头，沥干
- 25 克嫩菠菜叶
- 1 小把香菜叶，粗粗切碎
- 适量盐和新鲜磨制的黑胡椒
- 少许浓稠原味酸奶

将 480 毫升水煮沸，加入茶叶，浸泡茶叶。

用大号厚底锅将油加热，加入洋葱、姜末和大蒜，大火翻炒至洋葱变黄并发甜。加入绿色朝天椒、红糖、姜黄根粉、孜然粉、葛拉姆马萨拉和辣椒粉，用中火炒 1 分钟。

加入香米，用中火翻炒 2 分钟，直到所有的米都沾满混合香辛料。加入西红柿，用小火炖 5 分钟。

加入鹰嘴豆。将浓茶中的茶叶滤去，将茶水倒入锅中。加入盐和胡椒调味，不加盖，用小火慢炖 15~20 分钟，直到米饭完全变软。

加入嫩菠菜叶，炒至菠菜叶变软，就好像这道菜中布满绿色的丝带。

撒上切碎的香菜叶，用盐和胡椒调味，再加上 1 大勺浓稠的原味酸奶，趁热享用吧。

异国情调与不可思议

　　这道浓茶鹰嘴豆砂锅的食谱最早出现在印度旁遮普人的食谱中。我有一个非常亲密的朋友——贾古塔先生，在做鹰嘴豆咖喱之前，他一定会用沸水泡上一大包上好的大吉岭茶。如果没有上好的茶水，他根本不会做这道菜。茶为番茄酱增加了一种非常成熟的味道，而丹宁酸似乎为这道菜增加了一种急需的苦涩边缘。在鹰嘴豆砂锅里有太多平淡的味道，米饭、嫩嫩的蔬菜、甜甜的番茄酱，所以这道菜急需丹宁酸这样一种味道维度。

　　不管是用白米还是用糙米做出来都很好吃。这是为数不多的"一锅出"菜肴，糙米在这里遇到了适宜搭配的食材。将食材放进砂锅里慢慢熬煮，糙米和鹰嘴豆开始慢慢变软，使砂锅散发出扑鼻的香味，汤汁渐渐变得丰富、香浓。事实上，这道菜在第二天吃才更美味。经过一整夜的魔法，所有的味道都会彻底发挥出来。

　　大米就是这样一种纯净、珍贵的食材。坦白地讲，印度菜中很少有这样将米饭和其他食材结合在一起的"一锅出"菜肴。在印度米饭的烹饪中，这道菜无论在口感上，还是在技巧上，都做出了改变。这真的是我对这道单锅菜肴做出的唯一让步。这个食谱是我叛逆的结果，因为有段时间，我真的不想洗那么多碗。

　　在这道鹰嘴豆菜肴中，茶水是最有异国情调、最不可思议的地方。它不仅造就了最美味的咖喱菜，也成就了最诱人的菜名。

红米生菜沙拉

虽然花生酱汁的做法看起来很复杂，但是这道菜真的很诱人，因此无论如何你要尝试做一次。毕竟，在每个人的厨房"武器库"中，都会有花生酱这个"杀伤性武器"。它既能创作出如此非凡的菜肴，又能将味道转移到汤汁里。

花生酱汁

· 4 瓣大蒜
· 1 根柠檬香草的茎，切碎
· 2 厘米的高良姜
· 2 根葱头，切碎
· 2 汤匙葵花子油
· 3 茶匙香烤虾酱
· 200 克烤花生，细细碾碎
· 1 茶匙盐
· 55 克椰糖
· 1 汤匙甜酱油
· 2 茶匙辣椒粉
· 1 汤匙罗望子膏
· 200 毫升椰奶
· 取 1 个青柠，榨汁
· ½ 个"泰国"小辣椒（可选）

红米

· 100 克红米，最好是泰国红米，洗净沥干
· 少许盐
· 2 瓣大蒜，拍碎

土豆四季豆沙拉

· 2 个土豆，削皮
· 55 克豆芽
· 100 克四季豆，择净，切段
· ½ 根黄瓜，切成厚片
· 4 个水煮蛋
· 100 克豆腐，切片
· 2 汤匙切碎的香菜叶

将米放入一个大碗里，加入足够多的水，水面没过米表面 2.5 厘米，浸泡 30 分钟。

现在开始做调味酱。将大蒜、柠檬香草茎、高良姜和葱头放进食品料理机中，研磨成糊。

用一个煮锅将油加热，加入虾酱，用小火炒 5 分钟左右，等到锅里的油升到虾酱表面。

将食品料理机里的糊状物放进平底锅里，再加入虾酱、盐、糖、酱油和辣椒粉。留出 1 汤匙花生，将剩余的花生加入锅里。用少量水将罗望子膏化开，倒入锅里，用中小火慢炖 10 分钟。最后加入椰奶，搅拌均匀，放到一边备用。

将红米沥干，倒入一个炖锅，加入盐、蒜和 240 毫升水。大火煮沸后改小火，盖好锅盖，小火熬煮约 15 分钟，直到锅里的米变软并完全熟透。

现在准备沙拉。将土豆切成楔形块状，放入一个大号炖锅，并加入没过土豆的水。大火煮沸约 10 分钟，直到土豆变软，捞出沥干，放到一边备用。

向平底锅里加入 1 升水，用大火再次将水煮沸，加入豆芽，煮 30 秒左右，然后用漏勺将豆芽捞出。再往沸水中加入四季豆，煮 5 分钟左右至四季豆开始变软，将四季豆捞出。

现在开始装盘。取一个大号餐盘，将红米铺在最下面，加入煮过的蔬菜、黄瓜片和豆腐片。将水煮蛋四等分，放在沙拉表面。将一小碗花生调味酱放在餐盘里，也可以把花生调味酱都淋在表面。在沙拉表面淋些青柠汁，还可以撒一些辣椒。最后，撒上香菜叶和留出来的花生碎。

奶酪夹心蘑菇

在世界上的某些牧区，这些蘑菇被称为"牧羊人的蘑菇"，因为意大利乳清奶酪就是用羊奶制成的。柠檬和大蒜使人精力旺盛。我们必须得承认，乳清奶酪和蘑菇是很寡淡的食材，只能在遥远地区的羊皮帐篷厨房里才能找到。

- 55克长粒糙米，最好是巴斯马蒂米，浸泡2小时，淘洗干净并沥干
- 180毫升蔬菜高汤
- 1瓣大蒜，细细切成蒜蓉
- 300克中等大小的蘑菇
- 185克烟熏培根，细细切成小丁
- 1汤匙油
- 250克意大利乳清奶酪
- 2茶匙柠檬汁
- ½个柠檬皮，磨碎
- 4汤匙百里香叶子
- 适量盐和新鲜磨制的黑胡椒
- 少许蔬菜沙拉和烤面包

将米、高汤、大蒜放进煮锅，慢慢煮沸，然后加盖，用小火熬煮20~25分钟，直至锅里的米变软。关火，将锅放到一边，静置15分钟。

将烤箱预热至180℃，在烤盘里涂上油。

将蘑菇的茎择掉，排列在准备好的烤盘上，有菌褶的一面向上。

往不粘锅中倒入油，用大火将培根煎至金黄。将培根夹出，放到碗里冷却。

将培根拌入饭里，然后加入意大利乳清奶酪、柠檬汁、柠檬皮碎和百里香叶子，再加入盐和黑胡椒调味，使其混合均匀。舀上满满一勺，放进准备好的蘑菇伞里。

将填满的蘑菇烘烤10~12分钟，直到奶酪混合物变成金黄色。从烤箱中取出，搭配蔬菜沙拉和烤面包一起吃。

印式炸菜饼

4 人份
准备时间：10 分钟
烹饪时间：15 分钟

抱歉，这个食谱好像跟大米没有什么关系。但是，米粉的使用确实对印尼炸菜饼的创新多变与香脆带来了变革性影响，它绝不是为了和大米扯上关系而生硬地人为加入。

- 2 汤匙米粉
- 200 克鹰嘴豆粉
- ½ 茶匙芫荽粉
- ½ 茶匙孜然粉
- 2 汤匙细细切碎的香菜叶
- 2 瓣大蒜，拍碎
- 2 个绿甜椒，去籽，细细切碎
- 1 茶匙香旱芹籽（可选）
- 1 茶匙盐
- 1 茶匙新鲜磨制的黑胡椒
- ¼ 茶匙小苏打
- 少许葵花子油
- 3 个洋葱，切成 1 厘米洋葱圈
- 适量酸辣酱或酸奶

将米粉、鹰嘴豆粉、香辛料、香菜、大蒜、甜椒、盐、胡椒和小苏打放进一个大搅拌碗里。如果准备了香旱芹籽的话，将香旱芹籽也放入，充分搅拌。再加入 300 毫升温水，搅拌成均匀且有些稀的面糊。

将油倒入大号炒锅，用大火加热。往热油中滴入一点面糊，来测试油温是否到达了合适的温度。如果滴入的面糊在几秒后开始冒泡，并变成金黄色浮在油的表面，那么油温就达到合适的温度了。

将一部分洋葱圈放入面糊中，确保它们都挂满了面糊。

将挂好面糊的洋葱圈放进热油里，油炸 2 分钟。翻面，再油炸 3 分钟，直到它们全部变成均匀的金黄色。将洋葱圈从油中捞出来，用纸巾将油吸干。搭配美味的酸辣酱和酸奶，趁热享用吧。

花生碎乒乓球

这些坚果口味的小球非常依赖搭配的蘸料。蘸料使它们有滋有味，令人口齿留香。

- 115 克长粒白米，淘洗干净并沥干（或使用 225 克煮熟的米饭）
- 1 瓣大蒜，拍碎
- 1 厘米长的新鲜生姜，去皮，切碎
- 1 茶匙细砂糖
- 1½ 茶匙盐
- 1 个小青椒，去籽，切碎
- 2 茶匙生抽
- 2 汤匙切碎的香菜
- ½ 茶匙芫荽粉
- 取 ½ 个青柠，榨汁
- 115 克去皮花生，拍碎
- 适量菜籽油或葵花子油
- 1 个青柠，切成 4 瓣
- 少许辣椒蘸料

将米放入煮锅，倒入 320 毫升水，慢慢煮沸。盖好锅盖，用小火慢慢煮 20~25 分钟，直至锅里的米变软。关火，盖好锅盖，放到一边慢慢冷却。你也可以直接使用剩饭。

将大蒜、生姜、糖、盐、辣椒、酱油、香菜、芫荽粉和青柠汁放进食品料理机中搅打，直到里面的食材变成黏稠的糊状物。加入四分之三煮熟的米饭，再次搅打，变成均匀、黏黏的米糊。将米糊倒进大号搅拌碗，再加入剩余的米饭，搅拌均匀。

将拍碎的花生放在盘子里。

将手沾湿，用手掌将米糊搓成一个个直径为 2~3 厘米的小球。我们用这些米糊做成约 16 个小球。将这些小球放到花生碎上滚一滚，确保它们均匀地沾满了花生碎。

将油倒入深一点的不粘锅或炒锅中，加热。向锅中放一两个花生碎来测试一下油温。如果花生碎开始"嘶嘶"作响，油温就可以了。现在将花生球放进锅里，一次可以炸几个小球。几分钟之后，锅里的小球变得金黄酥脆，捞出来，用吸油纸吸干表面的油。

搭配青柠和辣椒蘸料，趁热吃吧。

4人份
准备时间：20分钟
烹饪时间：35分钟

- 65克意大利米或其他短粒白米，淘洗干净并沥干
- 3个鸡蛋，取蛋清
- 350克羊奶酪，细细弄碎
- 4茶匙百里香叶子
- 4汤匙新鲜的面包屑
- 1汤匙榛子
- 3汤匙橄榄油
- ½汤匙黄油
- 少许盐和新鲜磨制的黑胡椒

羊奶酪果仁油炸丸子

这是非常美味的小点心，简单易做，而且是处理剩饭的极好的办法。奶酪的味道非常浓，我建议奶酪所占比例最好不要超过三分之二，米饭要占三分之一以上，这样就能确保所有食材的味道都不会被掩盖。在米饭淡淡的香甜和烤焦的坚果香味之中，会飘散着羊奶酪的香味。享用这道菜肴的时候，别忘了搭配一份新鲜的蔬菜沙拉。

将米放进煮锅，倒入175毫升水，慢慢煮沸。盖好锅盖，用小火熬煮20~25分钟，直至米变软。关火，盖好盖子，将锅放到一边冷却。

将蛋清打入干净、干燥的碗里，快速搅打，打至将勺子提起时蛋清向下形成一个尖儿但不脱落。小心地加入捣碎的奶酪和米饭，用盐和胡椒调味，再加入百里香，轻轻搅拌。用这些材料做成16个小球。

将榛子倒入加热的平底锅，慢慢烘烤。将榛子细细拍碎，倒入一个碗中，再加入面包屑，搅拌均匀。将奶酪丸子放在榛子、面包屑中滚一滚，然后放到烤盘上。

大号不粘锅中入橄榄油和黄油加热，再加入奶酪丸子，煎2~3分钟，不停地翻转直至丸子全部变得金黄。将奶酪丸子从锅中夹出，用吸油纸将表面的油吸干，趁热享用。

4 人份

准备时间：40 分钟

不含冷藏时间

烹饪时间：30 分钟

五香油炸菠菜丸子

这是一道西班牙小吃。五香油炸菠菜丸子口感香脆，菠菜和培根使丸子的味道更香浓，大蒜和百里香突出了草本食材的味道。我喜欢加入碎芫荽、柑橘和百里香等材料，这些味道使丸子的口感清爽又新鲜。

- 300 克泰国香米或其他短粒米，淘洗干净并沥干
- 900 克嫩叶菠菜，去茎
- 2 汤匙橄榄油
- 3 个洋葱，细细切碎
- 6 瓣大蒜，2 瓣拍碎，4 瓣切成蒜末
- 150 克瘦肉培根，细细切丁
- 3 汤匙米粉
- 2 茶匙碎芫荽
- 1 汤匙百里香叶子
- ½ 个柠檬，榨成汁
- ¼ 茶匙辣椒粉
- 2 个鸡蛋，蛋清、蛋黄分离
- 适量葵花子油
- 100 克新鲜的面包屑
- ¼ 茶匙新鲜豆蔻粉
- 适量盐和新鲜的黑胡椒粉
- 少许酸辣酱和酸奶

向米中加入 700 毫升水，煮沸后改中小火，熬煮 15 分钟至锅里的水都被吸干。关火，盖紧锅盖，将锅放到一边至米饭完全冷却。

烧一大锅水，撒一点儿盐，把菠菜放进去焯 2 分钟。捞出沥干，再用冷水冲洗干净。挤出多余的水分，粗粗切碎，放到一边备用。

在厚底煎锅中加入橄榄油，加热，倒入洋葱、拍碎的大蒜、蒜末和培根，翻炒 4 分钟。从锅中倒出，放在吸油纸上将多余的油吸净，放到一边冷却。

将出锅的洋葱混合物、米饭和米粉搅拌在一起，再加入菠菜、碎芫荽、百里香叶子、柠檬汁、辣椒粉、蛋黄、盐和胡椒粉，用双手搅拌揉制，直到大米和菠菜的混合物变黏。

在手上搓一点儿油，将面糊做成 20 个直径 4 厘米左右的小球，放在铺有保鲜膜或保鲜纸的托盘上，放入冰箱冷藏至少 30 分钟。

轻轻搅拌大碗里的蛋清。将面包屑倒在大盘子里，用盐、胡椒和豆蔻粉调味。

把菠菜球从冰箱中取出。先将菠菜球放进蛋液中，再放到盛有面包屑的盘子里滚一滚。

用大火将炒锅里的油加热。向油里加一点面糊来测试一下油温。如果油里的面糊"滋滋"冒泡，那么油温就可以了。将菠菜球分批倒入锅中油炸 5 分钟，直至丸子变得金黄松脆。

可根据个人口味，搭配酸辣酱或酸奶。

菠菜甜玉米蛋奶酥

4 人份

准备时间：20 分钟

不含静置时间

烹饪时间：1 小时 10 分钟

这道甜蜜的蛋奶酥式菜肴可以与许多主菜进行搭配，但是如果与沙拉、硬皮面包一起吃的话，它就变成主餐了。

· 95 克长粒大米，淘洗干净并沥干（或使用 170 克米饭）
· 450 克嫩菠菜叶，冲洗干净
· 1 汤匙葵花子油，再额外多准备一点儿
· 2 个洋葱，切碎
· 2 瓣蒜，切成蒜末
· 1 茶匙豆蔻粉
· ½ 茶匙孜然粉
· 225 克甜玉米，和果泥混合在一起
· 75 克车达干酪
· 4 个鸡蛋，打散
· 少许盐和新鲜胡椒粉

将米放入煮锅，加 240 毫升水，大火煮沸，转小火熬煮 15 分钟，直到锅里绝大部分的水被吸干。关火，盖紧盖子，闷 15 分钟。也可以使用已经煮熟的剩米饭。

将菠菜叶放进开水里焯 1 分钟，捞出沥干，挤去多余的水分，切碎，放到一边备用。

在厚底煎锅中加入油，倒入洋葱和蒜末。将洋葱炒软，再加入豆蔻粉和孜然粉，翻炒 1 分钟。

加入甜玉米果泥、奶酪、鸡蛋和米饭，翻炒均匀，加盐和胡椒调味，再加入切碎的菠菜，搅拌均匀。

在容量为 1 升的布丁蒸盘或类似的模具中加入足够多的油，将米饭和菠菜混合物倒入蒸盘，压紧。盖好锡箔纸，将蒸盘放进煮锅里。向锅中加入热水，至蒸盘高度的一半。盖好锅盖，大火将水煮沸，调至小火熬煮，熬煮时仍盖好锅盖。熬煮 40~50 分钟，直到里面的混合物变高且刚刚凝固，轻轻摇摆蒸盘。如果还不能确定的话，用刀在中间插一下，抽出来的时候刀面没有沾东西就好了。

将烤箱预热至 200℃。

将蒸盘从热水中取出，放到一边静置 10 分钟。用铲刀沿蒸盘内壁转动。在蒸盘上扣一个盘子，把蒸盘倒过来，将里面的布丁倒到耐热的盘子里。将布丁放入烤箱烤 10 分钟，直至布丁的顶部变得金黄。

主菜

来自全世界的梦幻盛宴

日式煲仔鸡饭

4 人份

准备时间：20 分钟

不含腌制时间

烹饪时间：45 分钟

揭开陶煲的盖子时，我们常常怀着热切的期待。人们都期望着从这小小的陶煲里得到大大的满足。蘑菇的味道越浓，饭菜就越有一份田园菜的芬芳。

- 450 克鸡腿肉，去皮去骨，切成丁
- 2 茶匙老抽
- 2 汤匙蚝油
- 6 个干牛肝菌
- 4 汤匙葵花子油
- 4 条凤尾鱼
- 4 瓣大蒜，细细切成蒜末
- 2 汤匙细细切碎的新鲜生姜
- 200 克长粒白米，淘洗干净并沥干
- 200 克南瓜，去皮、子，切成丁
- 6 个板栗或蘑菇，切片
- 250 毫升日式啤酒，任何品牌都可以
- 4 棵小白菜，去根
- 2 个红辣椒，去籽，切丝
- 2 汤匙切碎的香菜叶（可选）

鸡肉中加入老抽和蚝油，腌制 30 分钟。

用温水将牛肝菌浸泡 15 分钟左右，泡软，捞出沥干，保留浸泡的水。将牛肝菌上较硬的地方去掉，用刀粗切一下。

在陶煲或大号砂锅中加入 1 汤勺油，加热，再加入凤尾鱼，用旺火把凤尾鱼煎软，加入蒜末和姜末，将火调成中火。加入大米、南瓜、板栗（或蘑菇），翻炒均匀。

倒入日式啤酒，再加入 4 勺浸泡牛肝菌的水以及约 200 毫升的清水，使锅里的液体超过大米表面 2.5 厘米。放入牛肝菌，盖好锅盖，用小火炖 10 分钟，直到锅里的米和凤尾鱼几乎熟透。

现在将腌好的鸡肉沥干，摆放在米饭表面。将剩下的油沿着陶煲内壁小心滴入，这样做成的米饭会有一个金黄、香脆的边缘。盖好盖子，再用小火炖 15 分钟，关火。

加入小白菜，盖好盖子，闷 15 分钟，用陶煲的余热完成烹饪。

撒上红辣椒丝。如果愿意的话，再撒一些切碎的香菜叶。

葡式辣酱烤鸡饭

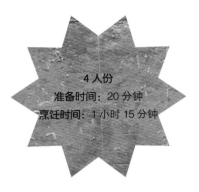

4 人份
准备时间：20 分钟
烹饪时间：1 小时 15 分钟

尝一口喷香的鸡胸肉，好像来到了火辣的葡萄牙。

- 280 克长粒白米，淘洗并沥干
- 4 块鸡胸肉，去皮去骨
- 3 汤匙橄榄油
- 1 个大洋葱，切片
- 3 瓣大蒜，切碎
- 2 个红彩椒，去籽，切丝
- 2 个黄彩椒，去籽，切丝
- 4~8 个红辣椒，切丝（根据个人口味决定用量）
- 1 茶匙干百里香
- ½ 茶匙干牛至
- 1 汤匙香薰辣椒粉
- 2 个西红柿，切片
- 1 汤匙番茄酱
- 1 升鸡肉高汤
- 3½ 汤匙红酒醋
- 少许香菜叶
- 适量盐和新鲜黑胡椒粉

将烤箱预热至 180℃。

将大米均匀地铺在大烤盘内。

用盐和黑胡椒粉为鸡肉调味。

向煎锅内加 2 勺油，用大火加热，放入鸡胸肉翻炒至表面全部变金黄色，再将鸡肉放到烤盘内的大米上。

将剩下的油倒入锅里，将洋葱和大蒜炒软。加入彩椒和辣椒，其中红辣椒的量根据个人承受的辣味而定。用中小火翻炒 5 分钟，直至彩椒变软。

加入百里香、牛至、辣椒粉、西红柿和番茄酱，简单翻炒，用盐和胡椒调味。

现在加入高汤和红酒醋，大火煮沸，改小火炖 3 分钟。将锅里的东西倒在鸡肉和大米上。盖好烤盘，放到烤箱里烤 45 分钟。这时，鸡肉和大米都变得很香嫩，撒上一些香菜叶即可食用。

野　餐　派

剩饭并非总和冷沙拉一样枯燥无味。当剩饭遇到黄油翻炒过的鸡肉和黏黏的调味烘焙酸奶，诞生的美味让人无法抗拒。

· 280 克印度香米，淘洗并沥干
· 45 克咸黄油，稍微多准备一点儿，收尾的时候会用到
· 1 个大洋葱，切丁
· 1.5 千克无皮、无骨的鸡胸肉，切成大块
· 1 茶匙孜然粉
· ½ 茶匙肉桂粉
· 240 毫升鸡肉高汤
· 480 克希腊酸奶
· 2 个鸡蛋，打散
· 1½ 茶匙芫荽粉
· 30 克去核红枣，切碎
· 55 克切碎的杏脯
· 50 克杏仁
· 少许盐和新鲜的黑胡椒粉

向香米中加入 700 毫升开水，熬煮 10 分钟至米粒变软，放到一边冷却。或者使用剩饭代替。

向煎锅中加入黄油，用中高火加热，加入洋葱和鸡肉翻炒，直至鸡肉变得微黄。加入孜然粉和肉桂粉，再炒 2 分钟。

加入高汤，改中小火熬煮至高汤只剩原来的一半。这个过程需要约 30 分钟。

向碗里加入酸奶、鸡蛋和芫荽粉，用盐和胡椒粉调味，再向里面加入一半的米饭，搅拌均匀。

将烤箱预热至 160℃。在深 10 厘米、长 20 厘米的烤盘里涂一层油。

用勺子将酸奶、米饭混合物舀到烤盘里。把鸡肉从调好味的高汤里捞出来，排在米饭和酸奶混合物表面。将部分剩下的原味米饭薄薄地铺在鸡肉上。

撒上一些切碎的红枣和杏脯，再把剩余的全部米饭盖在上面。

将剩余的调味高汤洒在米饭上，再撒一些杏仁，点一点儿黄油。用锡箔纸盖紧，放进烤箱烤 35~45 分钟。

为了保持米糕的形状完整，将烤盘放在冰冷的湿毛巾上，烤盘里的大米混合物就会与烤盘分离。用抹刀或窄刀沿烤盘内壁转一圈。将一大号盘子倒扣在烤盘上，将烤盘翻过来，米糕就完成了。

切成小块，凉吃、热吃均宜。

牙买加"愤怒的小鸟"

美味的牙买加辣酱烤鸡缺不了三种调味料：百香果粉、红辣椒和百里香。按照个人口味，适量添加这些调味粉。我是自虐狂，通常会放双倍的红辣椒。

- 4 块无骨鸡胸肉，带鸡皮，在肉上划几刀
- 2 汤匙葵花子油
- 2 个小紫皮洋葱，切丁
- 2 瓣大蒜，拍碎
- 1 汤匙黄糖
- 1 根芹菜茎，细细切碎
- 1½ 个青椒/红椒，细细切碎
- ½ 茶匙干百里香
- 2 根葱，切成葱花
- 150 克长粒白米，淘净沥干
- 400 克花豆罐头，沥干
- 2 汤匙番茄酱
- 480 毫升鸡肉高汤
- ½ 个青柠，皮磨碎，榨汁
- 1 小把香菜叶，切碎
- 少许盐和新鲜黑胡椒粉
- 1 个青柠，切成 4 瓣

首先制作烤鸡酱料（见菜谱下方）。在鸡胸肉上加 2 勺烤鸡酱料，把酱料揉进鸡肉里。将鸡肉放到冰箱里静置至少 2 个小时。如果提前一夜准备好就更棒了。

在厚底煎锅中加入油，大火加热。把鸡胸肉放进锅里，有鸡皮的一面朝下，2~3 分钟后翻面。煎至鸡肉两面都变黄且轻微变脆。把鸡肉从锅里倒出，放到一边备用。

锅中加入洋葱和大蒜，用大火翻炒 2~3 分钟。加入黄糖、芹菜、切碎的青椒或红椒、干百里香和葱花。用中火再翻炒 5~7 分钟，直到里面的青椒或红椒变软。

加入大米，和蔬菜混合物一起翻炒 2~3 分钟，加花豆、番茄酱和高汤，入盐和胡椒粉调味。用小火煮 5 分钟。

再把鸡肉放回锅里，确保鸡肉夹在米粒之间。用小火煮 15~20 分钟，直到大米完全熟透。

加入磨碎的青柠皮和青柠汁，搅拌均匀。将锅盖盖紧，用文火煮 5~10 分钟，直到鸡肉熟透。关火，盖好锅盖，放置 10 分钟。将鸡肉和米饭混合物放到餐盘里，撒上一些切碎的香菜叶，再摆上青柠瓣，就可以享用了。

烤鸡酱料（JERK SAUCE）的制法

将下面的所有材料放入搅拌机或食品料理机里，搅打成浓稠的酱料：½ 个小紫皮洋葱、1 茶匙盐、1~2 个去籽红辣椒、1 汤匙百里香叶子、1 个青柠（榨汁）、2 汤匙生抽、2 汤匙橄榄油、3 汤匙黑砂糖或黄糖、1 汤匙百香果粉、5 根青葱（粗粗切碎）、2.5 厘米新鲜生姜（去皮后切碎）、3 瓣大蒜。将打好的酱料装进带螺旋盖的罐子里，放在冰箱里保存 3 周以上。

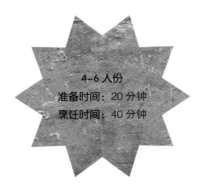

鸡　杂　饭

卡津人最喜欢用大米做的鸡杂饭，虽然名字听起来很普通，但是的确很美味。这里还有一件有趣的事情：我对巧克力过敏，我能接受的最接近巧克力质地的东西就是肝酱——香甜、黏稠且有坚果的味道。快来做一次鸡杂饭吧，鸡肝会为米饭增添类似巧克力的美妙滋味。

- 2 汤匙葵花子油
- 2 个小洋葱，切丁
- 3 瓣大蒜，切碎
- 3 根芹菜茎，切丁
- ½~1 个红辣椒，细细切碎（根据个人能够接受的辣味而定）
- 2 个青椒，去籽，切丁
- 100 克鸡肝，修剪干净，细细切碎
- 200 克绞碎的猪肉
- 450 克印度香米或其他长粒白米，淘洗并沥干
- ½ 茶匙肉桂粉
- ½ 茶匙辣椒粉
- 1 茶匙芫荽粉
- 1 茶匙干牛至或新鲜牛至
- 750 毫升鸡肉高汤
- 1 小把香菜叶，切碎（可选）

在厚底炒锅中加入油，加热，倒入洋葱和大蒜，用大火炒至金黄。加入芹菜、辣椒和青椒，再炒 1 分钟，直至它们变软。

加入切碎的鸡肝炒成焦糖色。注意不要炒焦，鸡肝稍炒即熟。

一旦鸡肝变成焦糖色，加入绞碎的猪肉，用中火翻炒至猪肉凝固。炒的过程中用铲子将肉块弄碎。做这道菜，非常重要的一点就是使猪肉的质感和米饭相配。

加入大米、各种干的调料和牛至，加入高汤，用大火煮沸后改中小火，不加锅盖，熬煮 15~20 分钟，直至米粒变软和锅里的高汤几乎全部被吸收为止。

盖紧锅盖，关火，闷 10 分钟。

现在可以上桌了。撒一些切碎的香菜叶——我喜欢加些香菜，提升这道菜的香味。

来到卡津人的国度

稻米是早期卡津地区最具价值的商品。那里水源充足、气候湿热，特别适宜水稻生长。尤其在某些地区，水稻长得特别好。因为水稻容易生长、储存，所以稻米成为那里最主要的食物。

真正的卡津菜通常分为三部分——主菜、蒸米饭和蔬菜。

在没有冰箱的年代，卡津人便利用动物身上的各个部分来储存食物。有一种法式香肠叫猪肉血肠，是在肠衣里灌入猪肉、米饭和调味品，通常还会添加一点猪内脏来增加一点额外的味道。这道菜中，就是内脏使鸡杂饭增加了硬实的碎垫层，还增加了它的味道。我之所以选用鸡肝，是因为鸡肝比猪肝更容易买到，而且鸡肝更香甜，吃起来更有巧克力的感觉。如果用猪肝的话，吃起来更肥，颜色也更粉嫩。我希望这道菜肴既有巧克力色的外观，又有更香浓的口感。

鸡杂饭在卡津米饭菜肴里赫赫有名。法国厨师认为青椒、洋葱和芹菜是卡津菜和克里奥尔菜中神圣的三元素，而大蒜就是菜肴的关键！将这些食材切碎，在烹饪过程中添加进去，就像经典法国菜中蔬菜调味一样。

4 人份
准备时间：15 分钟
烹饪时间：1 小时

巴西烩鸡饭

这是一道在西班牙及拉丁美洲非常经典的菜肴。西班牙人和拉美人可以说是世界上最擅长用香薰辣椒粉和鸡肉做美食的人了。

- 1 整只鸡，切成八块
- 1 汤匙橄榄油
- 2 个小洋葱，切碎
- 4 瓣大蒜，拍碎
- 1 个红彩椒，去籽，切成粗长条
- 2 茶匙香薰辣椒粉
- 240 克长粒白米，淘洗并沥干
- 200 毫升干白葡萄酒
- 200 克碎西红柿罐头
- 300 毫升鸡肉高汤
- ½ 茶匙藏红花粉
- 2 个蜜饯柠檬，每个柠檬四等分
- 2 片小月桂叶
- 100 克冻豌豆，解冻
- 10 个去核的青橄榄，对半分开
- 少许盐和新鲜黑胡椒粉

用盐和胡椒粉为鸡肉调味。在厚底煎锅中倒入油，等油温升高，倒入鸡肉翻炒，使鸡肉表面都变得金黄。把鸡肉从锅里倒出来，放到一边备用。

向锅里加入洋葱、大蒜和青椒，用中火翻炒，直至洋葱变软变透明。

加入香薰辣椒粉和大米，用中火翻炒 1 分钟，直至所有的米粒都沾上调料，并发出香薰的味道。

加入葡萄酒，改大火煮沸，加入西红柿、高汤、藏红花粉、蜜饯柠檬和月桂叶。

将火调小，再将鸡肉和汤汁放回锅里，使鸡肉被大米混合物覆盖住。盖好锅盖，用小火熬煮，直至鸡肉熟透，锅里的大部分汤汁被米饭吸收。这通常需要 20~25 分钟左右。

关火，加入豌豆和橄榄，搅拌均匀。用盐和胡椒粉调味。盖紧锅盖，闷 15 分钟。趁热享用吧。

4 人份
准备时间：25 分钟
不含浸泡时间
烹饪时间：25 分钟

蚂 蚁 上 树

这道菜我每周都至少要做一次。这是一道地道的中国川菜。如果我的冰箱里有绞碎的猪肉，比起做意大利肉酱，我更喜欢做这道菜。这道菜的外观给了它一个有意思的名字。通常，我还会加入一些切碎的青豆，使这道菜显得更健康。当然，味道在我心里更重要。在炒肉的时候加一勺整粒花椒，可以增添麻麻的味道。

- 125 克绞碎的猪肉
- ½ 茶匙生抽
- ½ 茶匙绍兴米酒
- ½ 茶匙香油
- 125 克精致米粉
- 1 汤匙葵花子油
- 1 瓣大蒜，细细切成蒜末
- 2.5 厘米新鲜生姜，去皮，
  细细切碎
- 2 根青葱，切成葱花，葱
  叶保留，切成葱圈
- 1 茶匙辣酱
- 1 汤匙切碎的香菜叶

绍兴米酒调味汁
- 1 汤匙生抽
- 1 汤匙绍兴米酒
- ½ 茶匙盐
- ½ 茶匙糖
- ½ 茶匙香油
- 240 毫升鸡肉高汤

　　向猪肉里倒入生抽、米酒和香油，搅拌均匀。将米粉放到热水里浸泡 10 分钟，泡软后捞出沥干。

　　用大火把炒锅加热，倒入油，加入姜、蒜爆锅 10 秒钟，再加入猪肉翻炒 10 分钟，直至猪肉炒至棕色。加入葱花、辣酱，再翻炒几秒钟。

　　把所有做调味汁的材料调匀，把调味汁淋到肉上，再把所有的材料搅拌均匀。

　　把米粉放入调味汁中，再放回锅里，用大火加热。煮沸后改小火，再煮 5 分钟，直至米粉变软，味道融入米粉里。这时锅里的绝大部分水分都蒸发掉了。

　　撒上一些葱花和切碎的香菜叶，尽情享用吧。

4 人份

准备时间：20 分钟

烹饪时间：1 小时 30 分钟

香辣五花肉印度香饭

我把这道菜称为印度香饭，但它其实更像豆焖肉饭。这是一份有清爽沙拉口感的简餐，不是什么精心制作的大餐。辣椒以其不可思议的味道成为这道菜的重要材料。

- 1 汤匙松仁
- 2 汤匙葵花子油
- 5 厘米的新鲜生姜，去皮切碎
- 2 瓣大蒜，拍碎
- 2 个绿色小豆蔻，轻轻拍碎
- 3 个完整丁香粒
- 200 克五花肉，切成 2.5 厘米的肉丁
- ½ 茶匙姜黄
- 1 汤匙黄油
- 3 个洋葱，细细切成丝
- 1 个绿色朝天椒，去籽，切碎
- 2 茶匙葛拉姆马萨拉（印度综合香料）
- 2 个八角茴香
- 1 茶匙肉桂粉
- 1 茶匙红糖
- 1 茶匙芫荽粉
- 200 克印度香米，淘洗并沥干
- 200 克罐装碎西红柿
- 1 个红辣椒，去籽，细细切碎
- 1 汤匙切碎的香菜叶
- 适量盐

把松仁放进干燥的平底锅里，用中高火将松仁烤成金黄色。从锅里倒出，放到一边备用。

在厚底炖锅（用高压锅更好）里加入 1 汤匙油，加入姜、蒜、小豆蔻、丁香粒、盐，用大火翻炒 1 分钟左右。加入五花肉和姜黄，将肉炒至金黄。

添加 120 毫升冷水，煮沸。将火调小，盖好锅盖，用小火炖 30~40 分钟，把肉煮熟。煮肉的时候，时不时地添加少许水，使肉保持湿润，锅里保持炖肉的水量。等肉变软，关火。如果使用炖锅的话，这个过程需要 30 分钟。如果用高压锅的话，只需 10~15 分钟。

用厚底锅把剩下的油和黄油一起加热，将洋葱煎 10 分钟左右，直至变成金黄色。用漏勺捞出三分之一的洋葱，用纸巾把油吸干，备用。

加入青辣椒、印度综合香料、八角茴香、肉桂粉、红糖、芫荽粉，爆炒 1 分钟，加入印度香米，用大火翻炒 2 分钟。加入西红柿和切碎的红辣椒，继续翻炒 2~3 分钟。

把锅里的五花肉，连带汤汁、调料一起倒入一个大号炖锅里，小心搅拌均匀。倒入 480 毫升冷水，大火煮沸后改小火，炖 20~25 分钟，直到大米将锅里的水几乎全部吸收。撒入切碎的香菜叶，小心地搅拌，盖紧锅盖，关火，闷 10~15 分钟。

把印度香饭盛到盘子里，撒上炸好的洋葱和松仁，就可以享用了。

4 人份
准备时间：30 分钟
烹饪时间：40 分钟

匈牙利番茄猪肉丸

这是一道对我来说是格外珍贵的菜肴，因为这是我婆婆的拿手菜。美味、香甜的肉丸，搭配口感柔软的番茄酱汁，尝一口，你会被层层的美味包裹。匈牙利番茄酱和意大利的不同，它是把肉汤和番茄酱或新鲜的碎番茄混合在一起。匈牙利人会用煮好的土豆来搭配这道菜。我个人觉得，仅仅是材料丰富的肉丸和柔软的酱汁就很好吃了。

- 50 克印度白香米，淘洗并沥干
- 2 汤匙葵花子油
- 2 个小洋葱，切碎
- 450 克绞碎的猪肉
- 1 个鸡蛋，轻轻搅打均匀
- ¼ 茶匙干马郁兰
- 1 汤匙洋香菜叶
- 1 茶匙辣椒粉
- 2½ 茶匙盐
- ¼ 茶匙新鲜黑胡椒粉

番茄酱汁
- 2 汤匙黄油，软化
- 1½ 汤匙面粉
- 1 汤匙玉米淀粉
- 6 汤匙番茄酱
- 2 汤匙糖
- ½ 茶匙盐
- 2 汤匙红酒醋

向煮锅里加入大米和 120 毫升水，大火煮沸后改小火熬煮 5 分钟，直至锅里的米粒变软，再用手碾碎。

煎锅里放油，用中火将洋葱煎炒 5 分钟，直至洋葱变软。

将绞碎的猪肉、大米、洋葱、鸡蛋、马郁兰、洋香菜叶、辣椒粉、½ 茶匙盐和黑胡椒粉放入大碗中搅拌均匀。

在一个大号炖锅里装半锅水，加 2 勺盐，煮沸。

用油搓搓手，把肉馅做成直径 4 厘米的丸子。把丸子放入滚沸的开水里，煮 8~10 分钟，直到丸子不再松散。把丸子小心地捞出来，放到托盘上，保留煮丸子的水。

现在我们做番茄酱汁。用小火把黄油化开，再撒面粉，一边加热一边搅拌，直至面粉和黄油的混合物产生泡沫。用 2 勺水把玉米淀粉调成糊，放到一边备用。向锅里加入番茄酱和 950 毫升煮丸子的水，再加热煮沸，一边煮一边不停搅拌。水煮沸以后，倒入调好的玉米淀粉，使酱汁黏稠。

搅拌入糖、盐和红酒醋，尝一下，调节盐的用量。根据个人用量，加些糖和红酒醋。我们要调出香甜、味道浓烈的番茄酱汁。

现在，把肉丸小心地放到西红柿酱汁上，加少许水把酱汁调稀一点儿，确保丸子被酱汁包覆。用小火炖 15 分钟，直至丸子完全熟透。尽情享用吧。

蚂 蚁 上 树

这道菜我每周都至少要做一次。这是一道地道的中国川菜。如果我的冰箱里有绞碎的猪肉，比起做意大利肉酱，我更喜欢做这道菜。这道菜的外观给了它一个有意思的名字。通常，我还会加入一些切碎的青豆，使这道菜显得更健康。当然，味道在我心里更重要。在炒肉的时候加一勺整粒花椒，可以增添麻麻的味道。

· 125 克绞碎的猪肉

· ½ 茶匙生抽

· ½ 茶匙绍兴米酒

· ½ 茶匙香油

· 125 克精致米粉

· 1 汤匙葵花子油

· 1 瓣大蒜，细细切成蒜末

· 2.5 厘米新鲜生姜，去皮，
  细细切碎

· 2 根青葱，切成葱花，葱
  叶保留，切成葱圈

· 1 茶匙辣酱

· 1 汤匙切碎的香菜叶

绍兴米酒调味汁

· 1 汤匙生抽

· 1 汤匙绍兴米酒

· ½ 茶匙盐

· ½ 茶匙糖

· ½ 茶匙香油

· 240 毫升鸡肉高汤

向猪肉里倒入生抽、米酒和香油，搅拌均匀。将米粉放到热水里浸泡 10 分钟，泡软后捞出沥干。

用大火把炒锅加热，倒入油，加入姜、蒜爆锅 10 秒钟，再加入猪肉翻炒 10 分钟，直至猪肉炒至棕色。加入葱花、辣酱，再翻炒几秒钟。

把所有做调味汁的材料调匀，把调味汁淋到肉上，再把所有的材料搅拌均匀。

把米粉放入调味汁中，再放回锅里，用大火加热。煮沸后改小火，再煮 5 分钟，直至米粉变软，味道融入米粉里。这时锅里的绝大部分水分都蒸发掉了。

撒上一些葱花和切碎的香菜叶，尽情享用吧。

红米巴东牛肉

4 人份
准备时间：25 分钟
烹饪时间：50 分钟

- 50 克椰子片
- 2 棵柠檬草茎，去掉外面的硬皮
- 2 个小洋葱，切碎
- 3 瓣大蒜，切碎
- 6 厘米新鲜生姜，去皮切碎
- 1 汤匙切碎的高良姜或高良姜酱
- 4~6 个红辣椒，去籽，粗粗切碎
- 1 茶匙姜黄
- 2 汤匙油
- 4 个小豆蔻，轻轻拍碎
- 1 个肉桂条
- 650 克炖牛排，切成 3 厘米的肉丁
- 400 毫升椰子汁
- 4 片泰国青柠檬叶
- 1 个青柠，去皮磨碎，果肉榨汁
- 190 克红米，最好是不丹红米，浸泡一夜，沥干
- 少许盐
- 2 棵小葱，细细切成葱花，翻炒爆香
- 2 汤匙切碎的香菜叶

这道印度尼西亚菜肴的味道十分独特。柠檬草、高良姜、青柠檬叶的香味浓厚，给牛肉带来了柔美的气息。更重要的是，牛肉会变得更嫩，并带有浓郁的香料香味。

先做巴东调味酱。把椰子片放进干燥的煎锅，烤至金黄，关火。把 1 棵柠檬草粗切一下。把烤椰子片、洋葱、姜、高良姜、切碎的柠檬草、大蒜、辣椒、姜黄用搅拌机搅打均匀。

把炒锅加热，倒入油，用大火把调味酱汁翻炒 3~5 分钟。加入小豆蔻和肉桂条，用中火炒 1 分钟。加入牛肉，用大火翻炒至棕色，翻炒过程要不停地搅拌。

加入椰子汁、泰国青柠檬叶、碎青柠皮、青柠汁，用小火熬炖，直至锅里少量冒泡。把剩下的柠檬草捣碎，加入锅中。加盐调味，把锅盖半盖，用小火煮 1 个小时。牛肉不要煮得太烂。柠檬草茎捞出扔掉。

加入大米，把火调大一点儿，再炖 20~25 分钟，直至大米熟透。把火关掉，盖好锅盖，闷 15 分钟，让牛肉和大米更入味。

把菜倒到大盘子里，撒上爆香的葱花和香菜叶，就可以吃了。

叶片千层面

这是一道名副其实的匈牙利招牌菜。对西欧人来说，这是一道很古怪的菜，但是在匈牙利布达佩斯，这就像炖牛肉一样普通。用剩饭来代替新煮的米饭也是很棒的办法。做这道菜，我喜欢用羊肉。其实，用其他任何绞碎的肉都很美味，甚至用大豆也不错。

- 400 毫升酸奶油
- 1 个鸡蛋
- 1 个皱叶甘蓝，修整干净，取菜心
- 3 汤匙葵花子油
- 115 克烟熏培根，细细切成丁
- 1 茶匙辣椒粉
- 2 个洋葱，细细切碎
- 2 瓣大蒜，拍碎
- 600 克绞碎的羊肉
- ¼ 茶匙干马郁兰
- 1 汤匙面粉
- 300 毫升蔬菜高汤
- 55 克长粒白米，淘洗并沥干
- 200 克金黄的面包屑
- 少许盐和新鲜的黑胡椒粉

把酸奶油和鸡蛋放入碗中搅拌均匀，放到一边备用。

把甘蓝叶子剥开，不要剥坏，这些叶片会形成叶子千层面。把叶子放到煮开的盐水里焯一下，捞出沥干。焯完的叶子变得柔软。

平底锅入油加热，倒入培根炒至变黄，把里面的油都炒出来，加入辣椒粉、洋葱和大蒜，用中火翻炒，直至洋葱变软。加入绞碎的羊肉和马郁兰，用中火炒 10~15 分钟，直至羊肉变成棕色。加入面粉，炒 1 分钟。加入高汤煮沸，用小火煮 5 分钟，用盐和胡椒粉调味。

在另一个煮锅里加入大米和 240 毫升水，用大火煮沸后，改小火熬煮 10 分钟。用冷水淘洗沥干，再搅拌进炒好的羊肉里。

将烤箱预热至 180℃，在约 25 厘米宽的单面烤盘里涂一层油。铺三分之一的甘蓝叶片，将最小的甘蓝叶在烤盘里铺一圈。把三分之一的肉馅铺在上面，铺一层厚度约为 2 厘米的肉馅。

接下来，把酸奶油混合物舀到肉层之上，足够覆盖肉馅层。酸奶油会渗入到里面，不过不用担心，在上面再撒一些金黄的面包屑。

重复这一步骤，用中等大小的叶子覆盖这一层。最后铺一层甘蓝叶子，上面涂一层酸奶油，撒上面包屑。

放入烤箱烤 35 分钟，直到上面变得金黄并产生气泡。静置 15 分钟左右，切成楔形，趁热享用。

塔吉锅炖饭

4 人份
准备时间：20 分钟
烹饪时间：1 小时 50 分钟

尝一口超级美味的炖饭，真的是身心舒畅。羊肉经长时间炖煮，鲜味已经浸入汤汁。孜然、肉桂、生姜和豆蔻的香味被鲜嫩的羊肉吸收，让菜肴更诱人食欲。

- 2 汤匙葵花子油
- 1 个大洋葱，切碎
- 2 厘米新鲜生姜，去皮切碎
- 2 瓣大蒜
- 1½ 茶匙孜然粉
- 1 茶匙姜黄
- ¼ 茶匙辣椒粉
- 2 个绿色小豆蔻
- 2 个八角茴香
- 1 茶匙芫荽粉
- 1 个肉桂条
- 100 克杏仁
- 200 克罐装碎西红柿
- 750 克羊肩肉，切成 4 厘米大小的肉丁
- 1 汤匙红糖
- 90 克印度香米，洗净沥干
- 100 克去核的西梅干
- 1 小把香菜叶，切碎
- 少许盐和新鲜的黑胡椒粉

用大号炖锅把油加热，下入洋葱、生姜和蒜炒得金黄。加入孜然粉、姜黄、辣椒粉、小豆蔻、八角茴香、芫荽粉、肉桂条和杏仁，用中火翻炒 5 分钟，使各种食材的香味都释放出来。倒入西红柿，再翻炒 5 分钟。

改大火，加入羊肉翻炒至肉丁表面都变得金黄。倒入 1 升水，把肉覆盖住。加入糖、盐、胡椒粉调味。煮沸之后改小火炖 1 小时，锅盖半盖着。

加入大米和西梅干，继续煮 25~30 分钟，直到锅里的米变软。

把炖饭盛入大号餐盘，撒上香菜叶即可。

4 人份
准备时间：30 分钟
不含腌制时间
烹饪时间：50 分钟

黎巴嫩玫瑰花瓣烩饭

软嫩多汁的烤羊肉和芬芳的木本香料，为这道深受大家欢迎的黎巴嫩美食赋予了质朴香浓的基础。同样，藏红花和玫瑰花瓣赋予了这道菜优雅、精致的外观。搭配凉爽的薄荷酸奶，真是美味极了。

· 300 克羊腿肉，切成肉块
· 30 克杏仁，拍碎
· ½ 茶匙藏红花
· 800 毫升蔬菜高汤
· ½ 茶匙海盐
· 25 克松仁
· 300 克印度香米，淘洗并沥干
· 1 汤匙咸味黄油
· 1 汤匙葵花子油
· 4 个绿色小豆蔻
· 2 个肉桂条
· 1 个柠檬，皮磨碎
· 2 汤匙干玫瑰花瓣
· 1 汤匙拍碎的开心果
· 少许新鲜的玫瑰花瓣
· 几片薄荷叶
· ½ 个石榴的石榴籽
· 少许酸奶和薄荷蘸料

腌制肉的调料
· 200 克酸奶
· 2 茶匙孜然粉
· 2 茶匙蒜泥
· 2 茶匙姜泥
· ½ 个柠檬，榨汁

把所有腌肉的调料都放在非金属的碗里，搅拌均匀，放入羊肉，至少腌制 1 个小时。

把烤箱预热到较高的温度，放上腌好的羊肉，烤到表面发焦，放到一边备用。

同时，在蔬菜高汤中加盐，把拍碎的杏仁和藏红花泡进汤里。用干燥的煎锅把松仁烤得金黄。

大号厚底锅中加入黄油和葵花子油加热，加入豆蔻和肉桂条，轻轻翻炒 1 分钟。改大火，加入香米翻炒，使米粒都裹上香喷喷的黄油。

倒入泡有杏仁和藏红花的蔬菜高汤。加入碎柠檬皮，用中小火煮沸 8~10 分钟，直到锅里的汤被吸收了一半。

加入羊肉和干玫瑰花瓣，不盖锅盖，中小火煮至锅里的汤几乎全被吸干。关火，盖好锅盖，放到一边焖 15 分钟。

15 分钟之后，把烩饭盛到大号餐盘里，加入松仁和开心果，撒上新鲜的玫瑰花瓣、薄荷叶和石榴籽加以装饰。搭配撒有碎薄荷叶的凉爽酸奶，就可以享用了。

4 人份
准备时间：20 分钟
不含腌制时间
烹饪时间：20 分钟

金汤力香菜三文鱼

杜松子、杜松子酒和三文鱼，这样的搭配并不是什么新鲜事，但是在这道菜里，我大胆地增添了汤力水，没想到这样的食材搭配给我带来了惊喜。做好之后，我发现汤力水为三文鱼增添了强烈的甜味，这种味道让人十分愉悦。虽然这道菜的名字听上去有些不自然，但我强烈建议你去尝试一下。

- ½ 汤匙橄榄油
- 1 瓣大蒜，拍碎
- 2 个杜松子，拍碎
- 1½ 个青柠，剥皮磨碎，果肉榨汁
- 2 茶匙芫荽粉
- 1 茶匙切碎的香菜叶，再多准备一些备用
- 3 茶匙杜松子酒
- 5 汤匙汤力水
- 4 块 125 克三文鱼片
- 200 克印度香米，淘洗并沥干
- 1 个青柠，切成青柠瓣
- 少许盐和新鲜黑胡椒粉

把橄榄油、大蒜、杜松子、磨碎的青柠皮和青柠汁、芫荽粉、香菜叶、杜松子酒和汤力水放进搅拌碗里，用盐和胡椒粉调味。把三文鱼肉放进混合物里，盖好盖子，放进冰箱冷藏至少 2 小时。

把烤箱预热至 200℃。

选一个耐热浅陶盘，用锡箔纸把盘子封好。锡箔纸要足够大，把鱼肉全部罩在盘子里。

把锡箔纸的一边掀开，把鱼肉连汁带肉放进盘子里，封好。把陶盘放进烤箱里烤 15~20 分钟。

把香米和 480 毫升水放进厚底煮锅，大火煮沸之后改小火煮 10 分钟左右，直至大米几乎把锅里的水吸干。盖紧锅盖，关火，闷 10 分钟。

从烤箱里把陶盘取出，揭开锡箔纸，小心地把米饭盛到鱼肉周围的汤汁上。撒一些香菜叶，再撒一点儿黑胡椒粉，用青柠瓣点缀一下，就可以享用了。

4 人份

准备时间：1 小时
不含浸泡时间
烹饪时间：45 分钟

土耳其香蒜焗烤青口

这一道精心制作的美食，用贝类的贝壳作为餐盘，品尝一口更会给你带来极大的满足！在土耳其，这种烤得焦黄发亮，散发着香气的艺术美食居然只是滨水区一种很普通的路边摊小吃。这一事实让我有些汗颜。土耳其人很喜欢将这道美食当冷餐食用。

- 2 汤匙葡萄干
- 125 克意大利米或其他短粒白米，淘洗并沥干
- 28 个大贻贝，洗净
- 2 汤匙橄榄油
- 3 汤匙松子
- 1 个小红葱头，细细切成丁
- 1 小瓣蒜，拍碎
- 少许新鲜豆蔻粉
- ½ 茶匙肉桂粉
- ½ 茶匙甜胡椒
- 1 茶匙黄糖
- ½ 茶匙番茄酱
- 1 茶匙盐
- 1 茶匙细细切碎的薄荷叶
- 1 茶匙细细切碎的小茴香
- 少许新鲜黑胡椒粉
- 1 个柠檬，切成柠檬瓣

用温水浸泡葡萄干 10~15 分钟，捞出沥干。把米放进大碗里，用冷水浸泡 10 分钟，沥干备用。把洗净的贻贝放进大碗，用温水浸泡 10 分钟左右。

厚底煮锅入油加热，用中火把松子炒至金黄。加入红葱头、大蒜、调料和糖，用中小火炒 5 分钟，加入沥干的大米和葡萄干，翻炒 2 分钟，使食材混合均匀。

用盐和胡椒粉调味，加入 320 毫升水煮沸。把火调小，把锅盖盖好，煮 15 分钟，直到锅里的水被收干。把米饭倒入浅碗里，搅拌进切碎的薄荷叶和小茴香，放到一边冷却。

准备贻贝。用一把锋利的小刀在一个大碗里处理这些贻贝，碗用来接住并储存汤汁。用手握住贻贝较薄的一端，圆弧边缘向外。将小刀从圆弧的顶端插入贝壳之间，一直向里切，直至贝壳相连处。小心地将贝壳撬起来一点点，使贝肉完整地保存在壳里。如果贝壳有变味、变色、变黏或合不严的情况，就丢掉。总之，如果觉得贻贝有些不太好，就丢掉不用。

用勺子将适量米饭塞进贝壳之间，将贝壳捏紧，将多出来的填料清理掉。把贝壳摆放在笼屉里，用潮湿的烘焙纸覆盖。在上面扣一个盘子，防止贝壳在烹饪过程中开裂太大。

把保留出来的贻贝汁放进量杯，增添足够的水，使溶液达到 500 毫升。把这些液体倒入一个厚底蒸锅，放上摆满贻贝的笼屉，盖好锅盖，煮沸后改小火蒸 20 分钟。

关火，把贻贝留在锅里冷却。在室温下享用或放凉后入冰箱冷藏 1 个小时后冷食。把贻贝摆在餐盘里，拿走上层的贝壳，挤上一点儿柠檬汁。用取下的贝壳挖里面的美食享用。

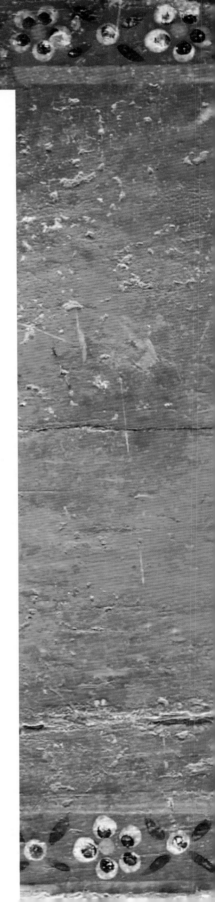

西班牙海鲜饭稻米

西班牙海鲜饭稻米并不是一个独特的品种，而是适合做海鲜饭的各种稻米的总称，其中包括巴伊亚米、巴利亚米、塞尼亚米和邦巴米。

做西班牙海鲜饭使用的稻米需要有黏附性，能吸收大量的水分，最好不要产生黏黏的米汤。这和做意大利调味饭用的稻米要求一样。不过，两者之间也存在很大的差异。

任何短粒米都适用于家庭的日常食用，有一些品种的稻米煮出来的效果非同寻常，具有很高的吸水性，就像我之前提到的那几种西班牙稻米。如果你能负担得起的话，可以去买一些。依我个人之见，意大利米和寿司米也是可以接受的替代品种。

关于海鲜饭所用稻米的问题，主要集中在两点：到底是短粒米好还是长粒米好？到底该不该搅拌？人们普遍认为短粒米比较好，一是因为短粒米能吸水，二是它在宽口、干燥的海鲜锅里不会变干。当然，这点非常重要。还有就是，不要搅拌。做海鲜饭时要用大火快速收汤，因为我们不要黏糊糊的海鲜饭——这可不是意大利调味饭！我们希望煮出来的米又软又有嚼劲。海鲜饭底下深棕色、脆脆的变焦的那一层还有自己的名字：socarrat。这可是大家都抢着吃的部分。把这道饭端上桌的时候，装出一副无私的样子，先把上面的部分盛给客人，然后把底下烧焦的那一层铲下来，嘴里嘟囔着："哦，这也很好，我不介意烧焦的这部分。"

海鲜饭稻米的做法

*1 杯米要用的水比 2 杯稍少一点儿（米水比例为 190 克米加 450 毫升水）。

* 把米放入滤锅，用流水淘洗，直至淘出的水变清，沥干。

* 把米放入蒸锅，按比例倒入葡萄酒、高汤或水。煮沸后改小火熬煮 35 分钟左右，不加锅盖，直到锅里的液体被吸干，米粒湿润多汁。

* 盖紧锅盖，关火，闷 10 分钟。

4 人份

准备时间：25 分钟

烹饪时间：55 分钟

简易西班牙海鲜饭

这是一道无论预算多少都可以完成的阳光菜肴。在我看来，带着完整外壳的装饰性大虾让这道菜变得分外"高大上"。金黄的米饭渗透出香浓的味道——鱼的鲜味。加入适合的材料，使鱼肉的味道突显出来。我用姜黄来包裹鱼肉，使鱼肉变得鲜香金黄，为海鲜饭增加了一抹美丽的颜色。我发现，姜黄是一种很朴实的调料，比昂贵、精致的藏红花实用得多。

- 4 个西红柿
- 300 克白色鱼肉（什么鱼都可以），去鳞，切块
- 1 茶匙姜黄
- 1 茶匙盐
- 4 汤匙橄榄油
- 1 个洋葱，切碎
- 3 瓣大蒜，切成蒜末
- 1 个红色彩椒，去籽，切丝
- 225 克海鲜饭稻米或意大利米，淘洗并沥干
- 450 毫升鱼肉高汤
- 150 毫升白葡萄酒
- 115 克虾仁或大虾
- 75 克冻豌豆
- 8 个贻贝，刷洗干净
- 4 只煮熟的整只大虾，带壳和头
- 1 个柠檬，切成 4 瓣
- 1 汤匙切碎的洋香菜叶
- 少许盐和新鲜的黑胡椒粉

在每个西红柿的顶上划一个"十"字，先放进沸水里，再放入冷水中。等西红柿晾凉，把皮剥下来，果肉切碎。

把鱼肉放进姜黄和盐里翻一翻。

在大号煎锅或海鲜锅里加入一半的油，烧热后加入鱼肉，用大火翻炒 2 分钟。把鱼肉倒出来，放到一边备用。

向锅里加入剩下的油，倒入洋葱、大蒜炒至透明。加入彩椒，炒软。再加入西红柿，翻炒几分钟。

倒入大米，翻炒 2 分钟，加入鱼肉高汤、白葡萄酒。把翻炒过的姜黄鱼肉连肉带汤放进锅里，再加入虾仁。

等到锅里米被煮沸，放入贻贝，加水没过。盖好锅盖，用小火煮 30 分钟左右。加入豌豆，再煮 5 分钟，直至锅里的汤几乎被吸干，锅里的米粒变得湿润多汁。把没有张口的贻贝丢掉。

把贻贝和整只大虾摆放在海鲜饭表面，修饰美观，再加热 1 分钟。关火，盖好锅盖，让海鲜饭至少闷 10 分钟。撒一些切碎的洋香菜就可以享用了。

三文鱼藏红花调味饭

关于这道调味饭，我纠结了很长时间。虽然我深爱三文鱼、藏红花两者高雅的结合，但又担心会让这道调味饭显得太精致。帕尔玛干酪使这道调味饭有了美妙的奶油口感以及回味无穷的味道。

- 75 克黄油
- 1 个洋葱，切碎
- 275 克意大利米，淘洗并沥干
- 1.2 升热鸡汤
- 8 株藏红花，用热水浸泡 10 分钟
- 80 克新鲜研磨的帕尔玛干酪
- 350 克三文鱼肉，切成薄片
- 少许盐和新鲜的黑胡椒粉

用蒸锅把一半的黄油加热，下入洋葱炒软。加入意大利米翻炒 4 分钟，用长柄勺一勺一勺地加入鸡汤。用小火慢煮，一边煮一边搅拌，直至锅里的液体被收干。加入藏红花和浸泡藏红花的水，继续熬煮约 20 分钟，直至所有的水被吸干，调味饭变得像奶油一样黏稠、湿润。

现在将剩下的黄油和帕尔玛干酪搅拌进去，加入三文鱼肉片，轻轻搅拌，再煮 2 分钟，直至鱼肉熟透。

立即关火，加盐和胡椒粉调味，趁热在调味饭上撒些黑胡椒粉即成。

美国南部什锦饭

4 人份
准备时间：30 分钟
烹饪时间：1 小时 10 分钟

如果回到 20 世纪 90 年代初，一看到这道什锦饭，就会让人想到电影《道菲尔太太》中的一幕。在我看来，这道受到卡津菜肴的启发、香甜多肉的什锦饭，应该是所有人都享受的美味。什锦饭食材丰富，口感味道也丰富多样。

- 350 克西红柿
- 2 汤匙黄油
- 750 克鸡腿，带骨
- 225 克烟熏咸猪肉，尽量选用瘦肉
- 30 克面粉
- 2 个小洋葱，切成丁
- 1 个青椒，去籽，切丁
- 1 大瓣蒜，拍碎
- 1 茶匙切碎的百里香叶或 ½ 茶匙干百里香
- 225 克长粒白米，淘洗并沥干
- 16 只虾仁
- 1 茶匙塔巴斯科辣沙司
- 1½ 汤匙切碎的洋香菜叶
- 少许盐和新鲜的黑胡椒粉

在西红柿顶上划一个"十"字，放到沸水里烫一下，再放到冷水里。等西红柿稍凉，把皮剥下来，取果肉切碎。

把大号厚底煎锅加热，放入黄油化开，分批放入鸡肉，用大火把鸡腿表面煎至金黄，每一面都需要煎 2~3 分钟。用漏勺把鸡肉捞出，放到一边备用。

用同样的方法处理咸猪肉，放到一边备用。

调成小火，向锅里的油脂中倒入面粉，翻炒至面粉和油脂都变成金黄色。把鸡肉和咸猪肉倒回锅中，加入洋葱、青椒、西红柿、大蒜和百里香，炒 10 分钟。在炒的过程中要不停搅拌，避免粘锅。

加入大米和 600 毫升水，加入调味的盐和胡椒，用中火煮至米粒变软，锅里的汤几乎被收干。这个过程需要 20~30 分钟。

加入虾仁和塔巴斯科辣沙司，轻轻搅拌，用小火煮 5 分钟，直至锅里的液体被收干。盖紧锅盖，关火，让米饭静置 10 分钟。

这道什锦饭要趁热吃。撒上一些碎洋香菜叶，使什锦饭的味道更新鲜，外观也更漂亮。

4 人份
准备时间：25 分钟
烹饪时间：1 小时 15 分钟

大虾秋葵辣味炖饭

在这道饭里，融和着新奥尔良的香浓美味，绿辣椒的新鲜火辣口感，伯纳特辣椒的辛辣味道，以及烟熏辣椒粉激发出的西班牙辣味香肠的味道。

- 100 克西班牙辣味香肠，去皮切成丁
- 100 克黄秋葵，切成 5 毫米的圆片
- 4 汤匙葵花子油
- 2 个洋葱，细细切碎
- 3 瓣大蒜，拍碎
- 2 个青辣椒，去籽，细细切碎（可选）
- 1 个青椒，去籽，细细切碎
- 3 汤匙面粉
- 400 克罐装切开的西红柿
- 1 升鸡肉高汤，再多准备一些，备用
- 2 汤匙切碎的洋香菜叶，再多准备一些，点缀用
- 1 茶匙干百里香
- 1 片月桂叶
- ½ 个小伯纳特辣椒，去籽，细细切碎（可选）
- 1 茶匙甜味烟熏辣椒粉
- 3 个鸡腿，去皮弃骨，切成 2 厘米的鸡肉丁
- 180 克印度白香米，淘洗并沥干
- 250 克大个生虾仁
- 少许盐和新鲜黑胡椒粉

把西班牙腊味香肠倒入厚底的长柄炖锅，用中火加热翻炒，把香肠里的油炒出来，炒至香肠微黄，表面变得有一点儿脆。用漏勺把香肠捞出来，油留在锅里。

把黄秋葵倒进锅里，用大火炒至变脆，不再有黏液。把秋葵倒出，备用。

向锅里添加半汤匙的葵花子油，倒入洋葱、大蒜、绿辣椒和青椒，用大火加热 5 分钟，倒出备用。

把剩下的油倒入锅中，撒入面粉，用小火加热 5 分钟，不停搅拌，直至面粉变成金黄色。

加入西红柿、鸡汤、洋香菜叶、百里香、月桂叶、伯纳特辣椒和烟熏辣椒粉，煮至沸腾，用小火煮 30 分钟。

加入鸡肉、香米和炒过的蔬菜，暂时不加入秋葵，煮沸后改小火，用文火煮 15 分钟，直至香米变软、鸡肉熟透。不管什么时候，如果你觉得这道菜汤有些少，那么加点儿鸡汤，使香米保持湿润。

用盐和胡椒粉调味，加入虾仁和香肠，再用小火煮 5 分钟，使虾仁熟透。最后加入炒脆的秋葵片，小心搅拌。撒上切碎的洋香菜叶即成。

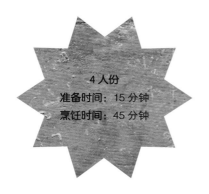

4 人份
准备时间：15 分钟
烹饪时间：45 分钟

西非辣椒炖肉饭

这是西非宴会上的终极美味。那里的人们通常用很大的锅来做这道菜。这道辣椒炖肉饭不仅有节日气氛的红色，还有让人欲罢不能的辛辣味。这种让人味蕾苏醒的味道使西非辣椒炖肉饭成为正餐，能满足所有参加宴会的人对味道的渴望。

- 2 汤匙葵花子油
- 2 汤匙黄油
- 1 个洋葱，切碎
- 2.5 厘米新鲜艳生姜，去皮，切碎
- 2 瓣大蒜，拍碎
- 1 个大红彩椒，去籽，切丁
- 400 克切开的西红柿罐头
- ½ 个伯纳特辣椒，去籽（可选）
- 1 汤匙番茄酱
- 1 汤匙百里香叶子或 1 茶匙干百里香
- ½ 茶匙甜味烟熏辣椒粉
- 1 茶匙辣椒粉
- 1 茶匙孜然粉
- 2 汤匙虾米
- 1 茶匙黄糖
- 350 克印度香米，淘洗并沥干
- 750 毫升或满满 3 杯鸡肉高汤
- 少许新鲜的香葱葱花
- 适量盐

在炖锅中加入葵花子油和黄油，加热，倒入洋葱、姜、大蒜和红色彩椒，用中火翻炒，直至洋葱变软、变甜。

加入西红柿、伯纳特辣椒、番茄酱、百里香、两种辣椒粉、孜然粉、虾米和黄糖，加盐调味，用中小火炖 8 分钟左右。此时锅里的油变成红色，就像加了番茄汁。

用手动搅拌器或传统搅拌器将锅里的食物搅拌成均匀的糊状，如果有必要，再将其放回锅中。

加入大米，搅拌三分钟，火力保持在中小火。锅中慢慢倒入鸡汤，用小火熬约 20 分钟。在熬煮初期，偶尔搅拌一两次，当大米相互粘在一起时，不要搅动。如果米饭看上去非常干，再加少量水。当锅内所有的液体都被吸收，盖紧锅盖，关火，静置 10 分钟。

打开盖子，撒上香葱葱花。既可以单独享用，又可搭配香甜、低热量的鸡肉或鱼肉。

喷香的"一锅出"佳肴

西非的沃洛夫人发明了辣椒炖肉饭，人们也把它称为"一锅出"。西非大多数国家都有不同的做法。想要用"一锅出"的办法做出松软喷香的米饭，核心在于添加西红柿。西红柿的汤汁渗入米粒内部，使米粒更香甜、更亮丽。有些国家使用椰子汁煮饭，还有人使用博士茶和红茶。西非的国家都会选用番茄酱、洋葱、盐和辣椒。除了这些，还可加入肉、蔬菜和调料，主要是选用时令蔬菜或手边有什么就用什么。这种随性的做法意味着只要你掌握西非辣椒炖肉饭的基本做法，就可以体验任何你能想到的味道搭配。

我还记得我第一次吃西非辣椒炖肉饭的情景。那是一个非常要好的尼日利亚朋友邀请我吃的。饭装在不锈钢大锅里，端上来时隐隐充斥着肉的香味。当我看到面前那一盘鲜红的米饭时，内心充满了失望，我不禁做了个苦脸。品尝之后，它的味道却让我始料不及。这道菜不仅有浓郁、香甜的肉香味，还有金黄的黄油伯纳特辣椒、烟熏辣椒粉和大虾美妙的味道。对了，还有不吃肉的主人朋友的傻笑。

烟熏辣味南瓜饭

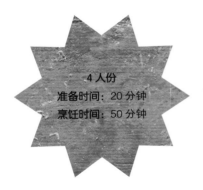

4 人份

准备时间：20 分钟

烹饪时间：50 分钟

我更喜欢用圆圆的深绿色小南瓜做南瓜饭，你也可以用冬南瓜。南瓜皮越暗淡，南瓜的味道就越好。金黄的烟熏西班牙香肠的加入，更好地衬托了南瓜饭的香味。

· 4 个小南瓜或 2 个冬南瓜

· 2 汤匙橄榄油

· 1 瓣大蒜，细细切成蒜末

· 115 克西班牙辣味香肠，切成小丁

· 1 个红色彩椒，去籽，切成小丁

· ¼ 茶匙甜味烟熏辣椒粉

· 75 克碎番茄干

· 225 克煮熟的长粒白米（或满满 ½ 杯煮熟的糙米）

· 4 汤匙软山羊奶酪

· 1 汤匙切碎的洋香菜叶，再多准备一些，点缀用

把烤箱预热至 180℃。

如果你用的是小南瓜，把根部切去，使底部变平，这样可以立得住。从南瓜顶部向下顺瓜身切开，把里面的瓤挖掉。如果你用的是冬南瓜，从中间分成两半，把南瓜瓤挖掉，从上半部分挖掉约 1 厘米的果肉。用 1 汤匙油在浅浅的烤盘上涂上一层。做米饭的时候，把南瓜放在烤盘上，用锡箔纸盖好，放在烤箱里。

用深平底锅把剩下的油加热，加入大蒜炒至变软，加入切碎的西班牙香肠。用中火炒至香肠里面的红油渗出来。加入彩椒丁、烟熏辣椒粉和番茄干翻炒，然后关火。

把大米、奶酪和切碎的洋香菜放入碗里，搅拌均匀。再把锅里的香肠倒入碗里，充分混合。

把南瓜把从烤箱里拿出，把米饭混合物分到南瓜里，再用锡箔纸盖好，放进烤箱烤 30 分钟左右，直至南瓜变软。做南瓜饭总共需要 50 分钟左右，撒上洋香菜叶即可享用。

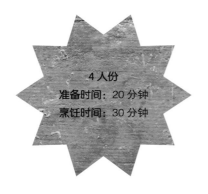

加尔各答焖饭

这道菜搭配咸味薯片和罐装泡菜——真正当之无愧的美味。如果你不解为什么要费力购买、添加芦巴子和阿魏，我可以告诉你，这一切都是值得的。

- 1 汤匙植物油
- 1 个小菜花，切成小瓣
- 90 克黄豌豆
- 2 汤匙酥油或液体黄油
- 1 茶匙孜然
- 1 茶匙芥菜籽
- 1 茶匙芦巴子
- ¼ 茶匙阿魏
- 2 片月桂叶
- 1 汤匙切碎的新鲜生姜
- 1 大个绿辣椒，去籽，细细切碎
- 2 个西红柿，切碎
- 1 茶匙姜黄
- 1 汤匙孜然粉
- 1 汤匙芫荽粉
- 1 茶匙红辣椒粉
- 200 克长粒白米，淘洗并沥干
- 少许盐
- 1 小把香菜叶，切碎
- 适量罐装亚洲泡菜和香脆的咸味薯片

厚底煎锅中加热半勺油，用大火把菜花炒至变色且轻微变软。这过程需要 6~8 分钟。把菜花从锅里倒出，放到一边备用。

把黄豌豆放入另一个锅，用大火干烤 3~4 分钟，直至豆子变得金黄。关火，把黄豌豆倒出，备用。

用大号厚底蒸锅把剩下的油和酥油一起加热，加入孜然，等它们发出"嘶嘶"的爆裂声，加入芥菜籽。等芥菜籽变成灰色并发出"噼啪"声，加入芦巴子和阿魏，炒 10 秒钟左右，加入月桂叶、姜和绿辣椒，用小火炒 30 秒左右。

现在加入西红柿、姜黄、孜然粉、芫荽粉、辣椒粉，向锅里倒入 60 毫升水，继续炒 1 分钟。

加入炒过的菜花、黄豌豆和大米，倒入 700 毫升水，用盐调味，用小火煮 10~15 分钟。等锅里的汤几乎被收干时，关火。把锅盖盖紧，闷 10 分钟左右，这道菜就好了。

撒上切碎的香菜叶，搭配亚洲泡菜和香脆的咸味薯片，真是太棒了！

花生土豆米片

4 人份

准备时间：10 分钟

烹饪时间：20 分钟

米片是非常受欢迎的印度食材，比较著名的牌子有 pauwa 和 poha。印度人喜欢保质期长的食材。这些干燥、扁平的米片只需要用水稍煮就可以吃了，它们是另一种形式的米。

- 250 克米片（pauwa 牌米片）
- 5 汤匙菜籽油或葵花子油
- 1 茶匙孜然
- ½ 茶匙芥菜籽
- 15 片新鲜咖喱叶
- 1 个大蜡质土豆，切成 1 厘米的土豆块
- ½ 茶匙姜黄
- 1 茶匙盐
- 4 茶匙白芝麻
- 100 克未加盐的烤花生，带红衣
- 2 茶匙糖
- 50 克细细切碎的香菜叶
- 2 汤匙柠檬汁

马萨拉酱

- 2 个绿辣椒，去籽
- 2 瓣大蒜
- 5 厘米新鲜生姜，去皮，切成丁
- 少许盐

首先制作马萨拉酱。把所有制作马萨拉酱的食材放入搅拌机搅打，或用研钵捣成均匀的糊状物。

用足够的温水将米片浸泡 1 分钟，立即沥干。

把油倒入大号煎锅或炒锅，用中火加热，加入孜然，等到它们发出"嘶嘶"的响声并变成棕色，加入芥菜籽。等芥菜籽发出爆裂声并变成灰色，把火调成中小火，加入咖喱叶子。咖喱叶子会发出"嘶嘶"声，但是要注意，把火调小，不要让咖喱叶子变黄。

加入土豆、姜黄和盐，用中火煮 5 分钟，半盖着锅盖，偶尔搅拌几下，直至土豆变软。

加入马萨拉酱、芝麻、花生、糖和一半切碎的香菜叶。把火调小，盖好锅盖，再煮 5 分钟，直至土豆熟透。煮的时候偶尔搅拌几下，避免粘锅。

现在加入沥干的米片和 2 汤匙温水，小心搅拌，避免把米片弄得太碎，但是一定使各种材料混合均匀。盖好锅盖，再煮 2 分钟，偶尔搅拌，避免粘锅。

加入柠檬汁，盖好锅盖，用小火煮至米片把锅里的液体都吸干。撒上剩下的香菜叶即成。

顶级双手挞

4 人份

准备时间：20 分钟

烹饪时间：50 分钟

我虽然是个厨房控，但却是个懒厨子，我不喜欢做那些技术性要求高的复杂食物。这道挞集合了我所有的恐惧症。我担心用双手把热乎乎的挞翻转过来时，会破坏顶部的蔬菜馅料。所以，我总是格外谨慎。好在，每次做这种挞都很成功，而且都很美味可口。

- 2 汤匙葵花子油
- 1 个紫茄子，纵向剖开
- 1 个红色彩椒，去籽，切成条
- 2 个西红柿，切片
- 2 汤匙橄榄油
- 2 个紫皮洋葱，切碎
- 6 个蘑菇，切片
- 2 瓣大蒜，拍碎
- 200 克切开的西红柿罐头
- 1 茶匙黄糖
- 150 毫升白葡萄酒
- 1 汤匙切碎的洋香菜叶
- 225 克熟的长粒白米或糙米
- 350 克油酥面团
- 少许盐和新鲜黑胡椒粉

把烤箱预热至 190℃，在 30 厘米的耐热浅烤盘里涂一层油。

在平底锅里加 1 汤匙葵花子油，快速煎一下茄子片，两面都煎成棕色。在吸油纸上把表面的油沥干，摆在烤盘里。

把剩下的油倒入锅中，用中火把彩椒条炒至金黄、变软，把彩椒条摆放在茄子片之间。把西红柿片放在茄子片和彩椒之间。记住，一定要摆放得匀称漂亮。当你把挞倒扣过来端上桌时，底下这层会变成挞表面的装饰。

在平底锅中加入橄榄油，加入洋葱、蘑菇、大蒜翻炒 5 分钟，加入西红柿罐头、黄糖，再炒 3 分钟。再加入白葡萄酒和洋香菜叶，用盐和胡椒粉调味，煮至沸腾，倒入煮熟的米饭搅拌均匀。把这些混合物用勺子盛到烤盘中摆放好的蔬菜上。

把油酥面团擀成一个比烤盘略大一些的面饼，把面饼放在烤盘上面，把面饼大出来的一圈小心地塞进烤盘里。当馅饼翻转过来的时候，这一圈就成为整个挞的边缘。

放进烤箱烤 30 分钟，将油酥饼烤至金黄。把挞取出，放在烤盘里冷却 5 分钟。在烤盘上倒扣一个大号餐盘，然后把整个烤盘翻转过来，就可以心满意足地享用了。

4 人份
准备时间：20 分钟
烹饪时间：40 分钟

苹果奶酪烤饭

这是我家人最喜欢的食物。这道菜做起来十分简单，做好之后，烤饭中间冒着热乎乎的气泡，看一眼就让人很满足。奶酪柔软的鲜味调和了苹果番茄沙司的香甜。

· 4 汤匙橄榄油

· 2 个紫茄子，纵向切成 5 片

· 1 个紫皮洋葱，细细切碎

· 1 瓣大蒜，拍碎

· 400 克切开的罐头西红柿

· 2 茶匙黄糖

· 1 茶匙干百里香

· 120 毫升白葡萄酒

· 2 个青苹果，削皮去核，磨碎

· 1 汤匙切碎的薄荷叶，再
  多准备一枝，装饰用（可选）

· 225 克熟的长粒白米或糙米

· 115 克软山羊奶酪

· 1 个鸡蛋，打散

· 120 毫升牛奶

· 100 克里科塔奶酪

· 少许盐和新鲜的黑胡椒粉

把烤箱预热至 190℃。

浅锅中倒入一半的油，把茄子片分批放入锅中，煎至开始变软，放在吸油纸上把油吸干。

把剩下的油放入煮锅中加热，下入洋葱和大蒜炒软，加入西红柿、黄糖、干百里香和白葡萄酒，用中火炖 5 分钟。

加入磨碎的苹果和薄荷叶，煮 3 分钟。加入煮熟的米饭，搅拌均匀，加入盐和胡椒粉调味。把米饭混合物倒入浅烤盘里。

留出少许山羊奶酪在结尾时加以装饰。把剩下的山羊奶酪、鸡蛋、牛奶和里科塔奶酪搅拌在一起，制成黏稠的酱汁。即使它们没有混合得特别好，也不用担心。在烹饪过程中，酱汁里的块状物会化开，变得特别香浓。把奶酪酱汁倒在烤盘最下面的西红柿混合物那一层。

把茄子摆放在烤盘上面，在烤箱中烤 15~20 分钟，直到里面的食物开始冒泡，表面的茄子变成金黄色。如果你喜欢的话，挖一勺预留出来的山羊奶酪放在上面，再撒一些薄荷叶就可以吃了。

意大利调味饭稻米

谁会想到意大利是多种大米的盛产地呢？如波河流域的意大利圆粒米阿尔博里奥（Arborio），还有意大利调味饭稻米中的"劳斯莱斯"——来自维切利的卡尔纳罗利米（Carnaroli）和玛丽特洛米（Maratello）。这些调味饭稻米都有一个共性——必须有足够的吸纳性，能吸收其他食材的味道，同时它们也要大方地释放足够的淀粉，从而产生奶油质的汤汁。还记得直链淀粉吗？就是糯米中缺少的化学物质。调味饭稻米必须也要有这样的缺陷——稻米里面的直链淀粉必须很容易被分解掉。

卡尔纳罗利米是最不容易被煮过头的稻米。这种稻米有比较硬实的米心，因而煮熟需要较长的时间，吸收味道也有些慢。每个做调味饭的厨师都要在各种稻米中寻找到这种微妙的平衡。

坦白地说，从家庭主妇的眼光来看，谁又在乎这些呢？我喜欢随心所欲地烹制调味饭，发掘出隐藏其中的美妙味道。对于受亚洲文化影响，对稻米有着苛刻要求的我来说，是一种确确实实的解放。

和西班牙海鲜饭稻米不同，意大利米需要不停搅拌，只有不断搅拌才能使稻米释放出奶油质地的淀粉。

意大利米的做法

* 1 杯米加 2 杯水（即米与水的比例为 190 克米加 450 毫升水）
* 把米放进滤锅，在流动的冷水下淘洗，直至淘出来的水变清为止，沥干。
* 把米放进煮锅，小火加热，逐渐向米里增加温热液体（汤、葡萄酒、水等）。每次向锅里加一勺，不停搅拌，等加入的液体被吸收，再向锅里添加另一勺。大概 20 分钟后，锅里的米变软且成奶油状，还保留一点儿嚼劲儿。
* 在端上桌之前，放在一边静置 5 分钟。

金叶白松露调味饭

4 人份
准备时间：10 分钟
烹饪时间：30 分钟

- 60 克冷冻黄油，切成立方块
- 1 个白洋葱，切成小丁
- 350 克特级意大利米（最好是卡尔纳罗利米），淘洗干净并沥干
- 120 毫升干白葡萄酒
- 1.5 升优质热鸡汤
- 30 克新鲜磨碎的帕玛森芝士
- 1½ 汤匙白松露油
- ½ 棕色松露
- 4 厘米可食用金叶，撕成小片
- 少许盐和新鲜黑胡椒粉

快看，镀金的百合花！这样的大米会带给人快乐。不要忘了添加金叶，你可以在熟食店或网店买到，和一袋米的价格一样。为了使松露的味道尽可能地释放出来，可以提前一天把松露埋在米罐里，这样就可使大米最大限度地吸收松露的味道。如果你没有松露，可以在调味饭做好之后，在上面多洒一些松露油。

取厚底煮锅，加入黄油，用小火把黄油化开，加入洋葱，炒5 分钟，炒至洋葱变软、变透明，绝对不能变成棕色。

调成中火，加入大米，不停翻炒。

加入葡萄酒，用中火翻炒，直至葡萄酒全部消失。加入鸡汤，一次加一勺，搅拌至鸡汤全部吸收，再添加另一勺。大概需要20 分钟，调味饭就做好了。此时米粒已经变软，但是中间仍有轻微坚果口感的米心。

把调味饭从灶上拿下来，静置1 分钟，不要搅动。现在，在帕玛森芝士中加入一些醋，快速搅打，等混合到令人满意的程度，把松露油搅拌进去。品尝一下味道，加入盐和胡椒粉调味。

把调味饭尽快地倒入4 个浅餐盘里。享用之前，在每个餐盘上洒一点儿棕色松露，再撒一些金叶。

翡翠烤米馅饼

油酥面团、米饭、菠菜，都是朴实的食材。菲达奶酪、南瓜和洋葱提升了馅饼的口感和外观。这道菜颜色漂亮，口感香浓。

· 320 克松脆油酥面团
· 少许面粉
· 3 汤匙橄榄油
· ½ 个南瓜（上半部分），带皮，切成薄片
· 1 个大洋葱，切碎
· 1 瓣大蒜，切碎
· 175 克菠菜，洗净切碎
· 4 个鸡蛋
· 75 克菲达奶酪，切成丁
· 40 克新鲜磨碎的帕玛森奶酪
· 4 汤匙希腊酸奶，再多准备一些搭配吃
· 6 汤匙全脂牛奶
· 225 克剩米饭（任何品种，任何颜色的米都可以）
· 少许盐和新鲜黑胡椒粉

将烤箱预热至 180℃。

在撒了少许面粉的工作台面上把松脆油酥面团擀薄，铺在一个 25 厘米大小的果馅饼烤盘上。用叉子在底部刺个洞，放进烤箱烤 12 分钟。

用大火把平底锅加热，加入一半的油，把切得薄薄的南瓜片放进锅里，煎至两面都变软，放到一边备用。

加入剩下的油，入洋葱、大蒜，用大火炒 5 分钟，把它们炒至透明，但不要变成棕色。

把菠菜、鸡蛋、奶酪、酸奶、牛奶和洋葱、大蒜混合物搅拌在一起，用盐和胡椒粉调味。现在加入煮熟的米饭，小心地搅拌，使它们充分混合。

把米饭混合物倒在烤盘上，入烤箱烤 15 分钟，取出，把煎好的南瓜摆放在上面，再烤 20 分钟，烤至整个馅饼都变成轻微的金黄色。

热食或冷食都可以，晾凉后蘸希腊酸奶吃味道更棒。

黑豆甜菜汉堡

4 人份
准备时间：45 分钟
不含冷却时间
烹饪时间：1 小时 10 分钟

这道菜甜蜜中又带着朴实的鲜味，自从我在伦敦的一个美食酒吧品尝过之后就无法忘怀。我尝试过很多不同食材的组合，始终觉得这份食谱的组合是最美味的。

- 1 大个红甜菜根或甜菜
- 100 克长粒糙米，浸泡 2 个小时，淘洗并沥干
- 2 汤匙橄榄油，再多准备一些用来炒菜
- 1 个小洋葱，细细切碎
- 2 瓣大蒜，拍碎
- 1 汤匙苹果醋
- 400 克罐装黑豆，沥干洗净
- 25 克去核西梅干，切碎
- 1 茶匙英式芥末
- ½ 汤匙甜味烟熏辣椒粉
- ½ 茶匙孜然粉
- ¼ 茶匙芫荽粉
- ½ 茶匙百里香叶子
- 150 克燕麦片，搅打成细细的粉
- 1 个蛋黄
- 2 片芝士（可选）
- 少许盐和新鲜的黑胡椒粉
- 适量香软的汉堡面包

将烤箱预热至 200℃。把甜菜根或甜菜用锡箔纸松松地包住，放进烤箱烤 50~60 分钟，直至甜菜根或甜菜被烤软，放到一边。

在烤箱工作的时候，把大米、240 毫升水倒入锅中，加 1 茶匙盐，大火煮沸之后改小火，熬煮 25~30 分钟，直至水全都吸收，盖紧锅盖，关火，放到一边自然冷却。

用平底锅加热一半的橄榄油，加入洋葱和少许盐，用中大火炒至金黄。加入大蒜，用中小火继续翻炒，将洋葱炒至又黄又脆。加入苹果醋，和锅里的东西搅拌均匀。小火熬煮，不停搅拌，直到里面的苹果醋全部挥发，关火。

把一半的黑豆和西梅放进食物料理机，粗粗打碎，不要打成精细的糊状物。倒入碗里，然后加入剩下的完整黑豆。

等烤好的甜菜冷却后，用勺子的一边把皮剥掉。在碗上放一个滤网或滤器，把甜菜在滤网上磨碎，挤压出汁液。

把甜菜、米饭、洋葱和豆子放进碗里，加入剩下的橄榄油、芥末、烟熏辣椒粉、孜然粉、芫荽粉和百里香，搅拌均匀，用盐和胡椒粉调味。加入燕麦片和鸡蛋，搅拌均匀。用保鲜膜把碗罩住，放进冰箱冷藏至少 2 个小时，或者提前一天做好，冷藏一夜。

用勺子舀一勺混合物，用手掌拍成面包大小的厚饼。你可以做 4 张大饼或 8 张小饼。

用大火将平底锅加热，加几勺橄榄油烧热，加入馅饼，煎 2 分钟，直至表面形成一层硬皮，翻过来煎另一面。如果馅饼碎掉，把碎掉的部分放回去即可，因为我们只要求馅饼的味道，而不要求它外观一定是完整的。另一面煎 2 分钟后，把火调成中小火，盖好锅盖，再煎 4 分钟，直到整个馅饼熟透。如果你愿意的话，可以在烹饪的最后一分钟，在馅饼上放一片芝士，夹在面包里。

4

配　菜

超级搭档

4 人份
准备时间：5 分钟
烹饪时间：40 分钟

柠檬橄榄饭

地中海的味道——想象一下，在茂盛的橄榄树下的桌子上，摆放着这样一份诱人的开胃菜。站起来，往砂锅里放一片美味、洁白、香脆的羊奶芝士，坐回到椅子上，感受阳光暖暖地洒在你的后背上。

· 1 汤匙橄榄油
· 1 个洋葱，细细切碎
· 2 瓣大蒜，拍碎
· 300 克短粒糙米，浸泡 2 小时，淘洗并沥干
· 2 枝百里香
· 1 片月桂叶
· 100 克去核绿橄榄，切片
· 2 汤匙切碎的罗勒叶
· 1½ 汤匙新鲜的柠檬汁
· ½ 汤匙磨碎的柠檬皮
· 1 汤匙轻榨优质橄榄油
· 少许盐和新鲜的黑胡椒粉

用大号煮锅将橄榄油加热，加入洋葱、大蒜，用中火翻炒 8 分钟左右，偶尔搅拌几下，直至洋葱变软。

加入大米、百里香、月桂叶和 450 毫升水，煮沸 1 分钟，关火，盖好锅盖，静置 30 分钟。

向米中加半茶匙盐，盖好锅盖，用小火熬煮，偶尔搅拌，直至锅里的水被吸干。这个过程需要 30 分钟左右。关火，把月桂叶和百里香挑出丢掉。

加入橄榄、切碎的罗勒叶、柠檬汁、柠檬皮，搅拌均匀，用盐和胡椒调味。

把米饭盛到碗里，淋少许橄榄油即可享用。

椰香洋葱饭

4~6 人份
准备时间：5 分钟
烹饪时间：20 分钟

这是我最喜欢的米饭之一，有香甜的椰香，还有金黄的洋葱。它焦糖一样的口感为这道超级美味的配菜增加了甜味。

- 2 汤匙葵花子油
- 2 个小洋葱，切成细细的洋葱圈
- 350 克泰国香米，淘洗并沥干
- 400 毫升椰汁
- 1 茶匙糖
- 1 根柠檬草茎，捣碎
- 5 厘米肉桂棒
- 少许盐

厚底平底锅入油加热，用中火把洋葱炒至金黄、香脆，盛出，放到一边备用。

把香米、椰汁、糖、柠檬草、肉桂棒和 300 毫升水下入锅中，用盐调味，大火煮沸，保持滚沸约 5 分钟。

改小火再煮 10 分钟。待锅里的液体被吸收，盖紧锅盖，关火，再闷 10 分钟。

把香甜、松脆的洋葱圈倒在米饭上，把里面的肉桂棒和柠檬草丢掉即成。

准备时间：40 分钟

烹饪时间：25 分钟

- 3½ 汤匙葵花子油
- 2 棵葱或 1 个小洋葱，切碎
- 1 瓣大蒜，拍碎
- 300 克长粒白米，淘洗并沥干
- 400 毫升椰汁
- 1 个伯纳特辣椒（可选）
- 400 克罐装四季豆，洗净沥干
- 3 汤匙切碎的百里香叶子
- 少许盐和新鲜黑胡椒粉

牙买加豆子饭

这是牙买加人周末最喜欢的食物。百里香和椰汁的加入就注定了这道副菜的美味，里面的"豆子"是罐装的优质四季豆。当然，如果你喜欢吃辣的话，伯纳特辣椒会使这道副菜更美妙。我去一个牙买加朋友家做客时，第一次品尝到用这种做法做的伯纳特辣椒，只尝了一口就念念不忘，感觉已经颠覆了米饭和豆子原来的味道。对我而言，这份食谱满足了我对美食的渴望。

平底锅入油加热，放入葱花、大蒜炒至透明。

加入大米，翻炒均匀，加入椰汁和 400 毫升水。如果你喜欢的话，加入完整的伯纳特辣椒，大火煮至沸腾。

加入四季豆和百里香，盖好锅盖，小火煮 20 分钟左右，直到米饭煮好。用盐和胡椒粉调味。

开始享用美食吧。

没有豆子饭，就不是周日

　　稻米和四季豆是牙买加美食的主要食材。当地有句俗语："如果没有大米和四季豆，周日就不是周日了。"

　　和每个热爱美食的国度一样，牙买加人有自己的美食传统。如果你不在周日吃豆子饭，没有在周六晚上花大把时间做"马拉松式准备"——清洗、浸泡四季豆，再用大蒜腌制，那就说明你真是太懒惰了。

　　根据传统，豆子饭在牙买加厨房有着近乎神圣的地位。千真万确，它是牙买加菜的灵魂。我记得有一个浓缩固体汤料的广告，广告中一个非常著名的、满口下流话的厨师，用糙米和四季豆非常滑稽地做牙买加豆子饭。这引起了公众的愤怒和抗议。他们认为这是对豆子饭的侮辱和伤害。公共危机的爆发很快就使这个广告被撤下去了。牙买加人大声尖叫，这是亵渎。由此我们不难看出，豆子饭在牙买加人心中是何其神圣。

丁香豆蔻生姜炒饭

如果你想做真正美味的炒饭，那么豆蔻一定不能少。豆蔻其貌不扬，像黑色草药一样干枯。在这道美味的副菜中，把豆蔻和米饭放到一起煮，会产生意想不到的效果。丁香和豆蔻都是有浓烈香味的食材，而巴斯马蒂糙米有一种麝香味，三者的搭配，造就了巴斯马蒂糙米朴实、微妙的口感。

· 1 汤匙花生油
· 3 个香豆蔻
· 6 个完整的丁香
· 225 克巴斯马蒂糙米，浸泡两小时，淘洗并沥干
· 350 毫升蔬菜高汤
· 2.5 厘米的新鲜生姜，切成薄片
· 适量切成 5 厘米大小的柠檬皮

用中高火把煮锅里的油加热，加入香豆蔻和丁香，煎约1分钟。

加入淘洗过的米，翻炒 1 分钟。

倒入高汤，加入生姜和柠檬皮，煮沸后改小火，加盖煮20~25分钟，直到米粒变软，锅里的汤都被收干。

盖好锅盖，关火。静置 10 分钟，掀开锅盖，趁热享用。

五　香　饭

这种米饭会有一些辣味和香味，适宜搭配温和清淡的主菜。如果不想那么辛辣，在烹饪时可少放一些辣椒。

- 2 个青椒，去籽
- 1~2 瓣大蒜
- 2 小把切碎的香菜叶
- 3½ 汤匙葵花子油
- ½ 茶匙孜然
- ½ 茶匙芥菜籽
- 250 克印度香米，淘洗并沥干
- 少许盐

把辣椒、大蒜、香菜叶一起放进食物料理机，加入少许盐，搅打均匀。如果你想要稀一点儿的口感，那么加少许水，这样食物料理机会搅打出比较精细的糊状物。

用中大火把煮锅里的油加热，加入孜然和芥菜籽。等它们不再噼啪作响且孜然变成深棕色之前，马上关火。加入大米，关火，快速翻炒 1 分钟。

把火调成中火，加入打好的调料糊和半茶匙盐，倒入 1 升水，轻轻搅拌。待锅里的水煮沸，再熬煮 10 分钟左右，直至所有的水被吸收。

盖紧锅盖，关火。不要掀开锅盖，让米饭静置至少 10 分钟，然后用叉子搅拌松散即成。

4 人份
准备时间：10 分钟
烹饪时间：45 分钟

柠檬草青柠泰国香饭

　　我喜欢使用糙米做这道配餐。将味道浓烈的柠檬草、青柠和糙米搭配在一起，饭菜会更健康。这道配餐能和各种主菜形成一种可爱的对比。

- 1 汤匙葵花子油
- 1 个洋葱，细细切碎
- 1 根柠檬草茎，只取下端较柔软的部分，细细切碎
- 2 个青柠，取外皮磨碎
- 1½ 茶匙香菜籽
- 250 克长粒糙米，浸泡 2 小时，淘洗沥干
- 625 毫升蔬菜高汤
- 4 茶匙切碎的香菜叶
- 1 个青柠，切成青柠瓣

　　在煮锅中加入油，加入洋葱、柠檬草、磨碎的青柠皮和香菜籽，用小火炒 3 分钟。

　　加入沥干的大米炒约 2 分钟。倒入高汤煮沸，偶尔搅拌。

　　把火调到非常小，盖好锅盖，煮 30 分钟，直至米变软，锅里的液体被收干。关火，盖紧锅盖，静置 10 分钟。在吃之前，把切碎的香菜叶搅拌进米饭，搭配青柠瓣即可。

4 人份
准备时间：5 分钟
烹饪时间：40 分钟

美味松子肉饭

如果家里来了客人，印度人通常会做肉饭来招待他们。肉饭并没有固定的食谱，每个家庭都会有不同的食材搭配，有自己独特的风格。在这道菜里，添加松子是我的小创意。从外观看，松子很像大米，但是口感却完全不同。

· 1 汤匙松子
· 2 汤匙葵花子油
· ½ 茶匙孜然
· 4 个丁香
· 2 个香豆蔻
· 1 片月桂叶
· 1 个肉桂棒
· 1 个洋葱，切成洋葱圈
· 300 克印度香米
· ½ 茶匙姜黄
· ½ 茶匙盐

用中火把平底锅加热，放入松子，均匀地烤至焦黄。关火，把松子倒出，备用。

用中大火把煮锅中的油加热，加入孜然，当孜然在油中"嘶嘶"作响并开始变得焦黄时，加入丁香、豆蔻、月桂叶、肉桂棒，翻炒 30 秒。加入洋葱圈，调成中火，把洋葱炒至金黄。

加入未洗过的香米，翻炒 1 分钟，向锅中添加 680 毫升水，加入姜黄和盐，煮沸后改小火，煮 15~20 分钟，直到锅里的水全部被米吸干。

盖好锅盖，关火，静置 10 分钟，撒入烤松子就可以享用了。

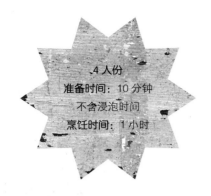

4 人份

准备时间：10 分钟

不含浸泡时间

烹饪时间：1 小时

胡萝卜豆蔻杯

这是一道非常可口的菜肴，虽然看上去很像米饭布丁。这道菜是古代波斯人别出心裁的创意，拥有东方的香味和美味的硬皮，就像奶奶做的米饭布丁那么亲切。胡萝卜、豆蔻和烤肉搭配在一起，口味非常棒。

· 1 汤匙黄油，再多准备一些，用来涂烤盘

· 180 克短粒米，浸泡 2 小时，淘洗并沥干

· 320 克胡萝卜，削皮磨碎

· 1 茶匙豆蔻，拍碎

· 1 茶匙芫荽粉

· ¼ 茶匙磨碎的新鲜肉豆蔻

· 1 茶匙盐

· 300 毫升全脂牛奶

将烤箱预热至 180℃。在 4 个耐热的杯子或 1 个大号烤盘上涂一层黄油。

把米放进大号搅拌碗里，加入除牛奶和黄油外的其他材料，混合均匀。

用勺子把大米混合物舀到准备好的杯子里，摇晃杯子，保证里面的混合物均匀地盛在杯子里。小心地浇入牛奶，在表面放少许黄油。把杯子放入烤箱，如果是用小杯子的话，烤 30 分钟；如果杯子较大，烤 45 分钟。待表面和杯子底部均形成一层金黄的硬皮即可。

从烤箱中取出来，在吃之前稍微冷却一下。这道配餐可以热吃，也可以冷食。

多菲内洋葱烤饭

米饭既要像奶油一样柔软滑腻，又要有嚼劲儿，最佳做法就是使用糙米。如果没有糙米，这道饭可能会显得太油腻，里面的液体慢慢渗出，很容易造成坍塌。糙米的加入，会为这道饭增加更好的口感。

· 1 汤匙橄榄油，再多准备一些涂烤盘
· 4 个小洋葱，切碎
· 200 克煮熟的长粒糙米
· 120 毫升全脂牛奶
· 150 克瑞士芝士，磨碎
· ¼ 茶匙盐
· ¼ 茶匙黑胡椒粉
· 少许多香果粉
· 40 克新鲜磨碎的帕尔玛干酪
· 2 汤匙切碎的洋香菜叶

将烤箱预热至 170℃。在边长 20 厘米的方形玻璃烤盘或陶瓷烤盘上涂一层油。

用中大火把大号平底锅加热，倒入油，使油覆盖平底锅的锅底，加入洋葱炒 5 分钟，炒软后倒入大号搅拌碗中。

搅拌碗里再加入米饭、牛奶、瑞士芝士、盐、胡椒粉和多香果粉，搅拌均匀。用勺子将混合物舀到准备好的烤盘上，撒上帕尔玛干酪，用锡箔纸盖好，放进烤箱烤 30 分钟。

掀开锡箔纸，再烤 5 分钟，直到奶酪开始变得金黄，在上面撒些洋香菜叶即成。

帕尔玛干酪鼠尾草
白葡萄酒调味饭

4 人份

准备时间：10 分钟

烹饪时间：25 分钟

在这道豪华大餐旁放一瓶打开的"雷司令"，在我看来，就是完美的奖赏。使用你能买到的最好的帕尔玛干酪，磨碎后拌进调味饭中。

- 55 克冷冻黄油，切成小方块
- 1 个白洋葱，细细切成小丁
- 400 克特级意大利米（最好是卡尔纳罗利米），淘洗后沥干
- 125 毫升雷司令干白葡萄酒或其他品牌的干白葡萄酒
- 2.5 升优质热鸡汤
- 2 茶匙切碎的鼠尾草叶子，再多准备一些装饰用
- 1 茶匙盐
- 30 克新鲜磨碎的帕尔玛干酪
- 少许新鲜黑胡椒粉

选用厚底锅。做调味饭需要厚底锅，因为这样的锅受热均匀。锅中放入黄油，用中火把黄油化开。

加入洋葱，用非常小的火炒 5 分钟，炒至软且透明。改中火，加入大米，继续翻炒。

加入葡萄酒，用大火翻炒，直至所有的葡萄酒都被吸干。将火调成中火，加入鸡汤，一次一勺，搅拌均匀，等锅里的鸡汤被吸收干净后再加一勺。这个过程约需 20 分钟。此时锅里的米粒变软，但米心还稍有些硬。加入鼠尾草，用盐和胡椒粉调味。

关火，让调味饭静置 1 分钟，不要搅拌。把帕尔玛干酪快速搅拌进调味饭中。尝一下味道，如果淡的话，再加一点儿盐和胡椒粉。

做完后撒一层绿色的鼠尾草就可以享用了。调味饭做好后要尽快享用，如果变凉就没那么好吃了。

印度素食饭

这是一道素餐，完完全全的印度素食饭。虽然是素食，但这道饭的配菜口感丰富，会让人吃得津津有味。它是各种肉类主菜的完美搭档。

- 200 克印度白香米，淘洗并沥干
- 3 汤匙葵花子油
- 1 茶匙芥菜籽
- 1 个绿色朝天椒，去籽，切碎
- 1 个洋葱，切碎
- 3 个土豆，削皮，切成厚约 5 毫米的片
- 70 克羽衣甘蓝或任何深色蔬菜
- 1 茶匙姜黄
- 1 茶匙盐
- ½ 个柠檬，榨汁
- 1 茶匙液体蜂蜜
- 2 汤匙切碎的香菜叶

把香米倒入煮锅，加入 480 毫升水煮沸，把火调成中火，继续煮 10~15 分钟，直到锅里的水全部被吸收。

关火，盖好锅盖，闷 10 分钟。

开大火，用大号炖锅把油加热，等到油开始冒烟时加入芥菜籽。待发出"噼里啪啦"的响声时，加入辣椒和洋葱。把火调成中火，把洋葱炒成透明。

加入土豆、甘蓝、姜黄、盐和 120 毫升水，搅拌均匀，煮沸之后盖好锅盖，用小火煮 15 分钟，直至土豆变软。

把煮好的米饭倒入土豆中，小心搅拌。加入柠檬汁。如果需要的话，再加一点儿盐。混合均匀，再继续煮 2 分钟。在土豆饭上淋蜂蜜，搅拌均匀。

盛入餐盘，撒些切碎的香菜叶即成。

拒绝纯粹主义

在做米饭时，印度人是非常严重的纯粹主义者。他们不会轻易接受各种颜色、多种形式、不同黏度的米饭，而西方人则恰恰相反。

印度人是印度白香米的忠实粉丝，在他们眼里，稻米就应该洁白如雪，带着一点儿麝香味。他们会斜着眼看待世界上的菰米、黑米、红米和糙米。高弹性、富含淀粉的糯米在亚洲很多地区都广受欢迎，但是在大多数印度人眼里，糯米不过是一种可笑的碳水化合物。这很奇怪，对不对？如果我们不打破这个习惯的话，这很可能会成为一个问题。那么，我们为什么要修正人们的观念呢？印度人真的不喜欢大米的味道被其他调料的味道干扰。然而，关于糙米和红米，我真的还有太多话要说。

这几年，我一直在不同稻米文化的国度漂泊，我逐渐意识到印度人有多么不情愿把稻米和其他材料放在一起。或者说，印度人不愿在稻米中掺加任何东西。出色的炒饭应该用豆蔻、孜然、藏红花之类的材料装饰，或者在结尾时放一些坚果或葡萄干。在印度比尔亚尼菜中，大米会和肉、调料及洋葱混合在一起，这些食材在比尔亚尼菜中占主要地位。但是这种"一锅出"的烹饪法在印度的厨房也是非常少见的。

因为我不是那么纯粹主义，甚至很懒，更喜欢用简单的一道菜来填饱肚子，所以我经常做印度素食饭这样的食物。这道菜品中，我选择了羽衣甘蓝，因为它漂亮且有活力。但在平时，通常我的蔬菜架上有什么，我就会用什么。米饭优雅的光辉，会使那些可能有些枯萎的蔬菜重新焕发生机，再次变得美味可口。

菰　米

　　菰米和亚洲的水稻并没有直接的关系，它属草本植物。每次在用到菰米时，我总会觉得有些放肆。我会用它做腌黄瓜菰米沙拉（见177页），还会把它和红米掺在一起做黑红米珍珠沙拉（见180页）。在这些沙拉里，它的质感和其他食材形成鲜明的对比。但它不应该总是作为沙拉这种冷食的材料。如果把菰米和大米混合在一起，我总有拿它凑数的感觉，看起来似乎只是达到可以吃的标准而已，但是它的味道真的很棒。它会赋予沙拉一种特殊的口感和味道，给白色大米增添一份嚼劲和美丽。

　　菰米也被称为加拿大稻米或印度稻米，深受美洲土著的喜爱。菰米又细又长，有黑色的外壳。因为产量很小，所以菰米是一种很昂贵的美味食材。它们生长在野外的浅水区，只有头状花序露在外面。中国人还很喜欢吃菰米的茎。我敢保证，他们一定也经历过和我一样的焦虑。

菰米的做法
　　* 1 杯菰米要用将近 4 杯的水（190 克菰米加 900 毫升水）。
　　* 把米和水一起放进炖锅大火煮沸，然后用小火煮约 50 分钟，不加锅盖，直到米粒变软，锅里的水全被吸收。
　　* 关火，盖紧锅盖，闷 20 分钟。

腌黄瓜菰米沙拉

4 人份
准备时间：20 分钟
不含冷却时间
烹饪时间：40 分钟

如果想要得到柔软、卷曲、多汁的黄瓜片，最好使用蔬果刨。盐不但能调味，而且能把黄瓜里的水逼出来。这道沙拉中略带辛辣的甜味清汤，让你分分钟就把这些沙拉消灭掉。这是一道美味的东欧沙拉，常用来和肉类的主菜搭配。黄瓜汁和其他材料混合会产生带甜味、辣味和咸味的汤汁，真的非常诱人。

- 115 克菰米，淘洗并沥干
- 2 根黄瓜，削皮，切成薄片
- 6 汤匙蒸馏醋
- 1 茶匙盐
- 2 汤匙白糖
- 1 茶匙蒜泥
- ½ 茶匙辣椒粉
- 1 汤匙切碎的莳萝
- 3 汤匙酸奶油

把菰米倒进厚底煮锅，加入足够多的水，大火煮沸后用小火煮 30~40 分钟，待菰米煮熟但仍有硬的口感时关火。用冷水过一下，沥干，放到一边备用。

取一个大号沙拉碗，加入黄瓜和其他材料（莳萝和酸奶油除外），搅拌均匀。这时黄瓜会浸出水来，变软。

加入菰米，轻轻搅拌，把沙拉放进冰箱冷藏 1 小时。不过，我经常会省略冷藏的步骤，直接吃拌好的沙拉。如果追求更好的效果，就把它放进冰箱冷藏，让米粒更好地吸收沙拉的汤汁。

在食用之前，拌入酸奶油，并撒少许切碎的莳萝，盛到小碗里享用。这道菜的美味在于令人欲罢不能的汤汁。

4 人份

准备时间：10 分钟

烹饪时间：1 小时 30 分钟

黑红米珍珠沙拉

这道引人注目的沙拉汇集了几乎所有漂亮的色彩。它既有东方夜市的香浓味道，又有珠光宝气的优雅气质。这道沙拉可以做很多主菜的配菜。

- 1 汤匙花生油
- 120 克菰米
- 250 克红米（最好是卡马格红米），淘洗并沥干
- 55 克去核蜜枣，切碎
- 80 克杏仁
- 2 根青葱，细细切成葱花
- 1 个紫皮洋葱，切成小丁
- 25 克山核桃，粗粗拍碎
- 55 克开心果，拍碎
- 1 个红苹果，去核，细细切成小丁
- 1 个小的黄色彩椒，去籽，切成小丁
- ½ 个石榴的石榴籽

香菜调料
- 2 个小蒜瓣，剥皮
- 1 个小辣椒，去籽
- 40 克香菜叶，切碎，再多准备一些，在吃之前撒在上面
- ½ 茶匙盐
- 3 汤匙柠檬汁
- 2 汤匙新榨橙汁
- 2 汤匙蜂蜜
- 4 汤匙橄榄油

先做沙拉调料。把大蒜、辣椒、香菜、盐、柠檬汁、橙汁和蜂蜜一起放进搅拌机，启动开关搅打。在搅拌机工作的时候，慢慢地把橄榄油淋在上面。搅打完毕后放在一边备用。

把一半花生油入锅中大火加热，放入菰米翻炒至所有的米粒都裹上了油。加入 230 毫升热水，加盖，用小火熬煮 50 分钟。

同时，另起锅，把剩下的油加热，用大火翻炒红米，向锅里添加 570 毫升热水，加盖，用小火煮 20 分钟。

掀开锅盖，把蜜枣搅拌进红米里。盖好锅盖，继续用小火煮 20 分钟，关火，静置 10 分钟。

将平底锅加热，下入杏仁烤至微黄。

等两种米煮好，把它们搅拌在一起，加入三分之一的沙拉调料均匀。

等米饭冷却到室温，再把剩下的沙拉调料搅拌进去，然后加入葱花、紫皮洋葱、山核桃、开心果、苹果和彩椒。

食用之前，在沙拉表面撒上石榴籽、烤杏仁和香菜叶。

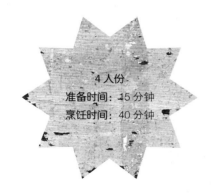

4 人份
准备时间：15 分钟
烹饪时间：40 分钟

大米酸奶沙拉

在印度，大米酸奶沙拉是非常常见的健康食物，尤其对那些脾胃虚弱的人来说，它是一种让人感到舒适的食物。酸奶营养丰富，而大米对小肠十分有益。虽然它有食疗效果，但是它的味道却一点儿也没受影响，非常棒。搭配咖喱和面包一起吃，非常清爽，让人心情愉快！

- 200 克长粒糙米或印度香米，淘洗并沥干
- ½ 汤匙杏仁
- 1 汤匙葵花子油
- ½ 茶匙芥菜籽
- ½ 茶匙孜然
- 少许阿魏（可选）
- 1 个绿色朝天椒，去籽后切碎
- 480 克酸奶
- 1 茶匙盐
- ½ 茶匙新鲜黑胡椒粉
- ½ 茶匙肉桂粉

将大米放入大号炖锅，添加 500 毫升水，盖好锅盖，大火煮沸后改中火继续煮 20~25 分钟，直到锅里的水全部被吸收。关火，盖紧锅盖，静置 10 分钟。

用干燥的平底锅把杏仁烤至微黄，放到一边备用。

用深平底锅把油加热，入芥菜籽和孜然，待听到"噼啪"的响声，加入阿魏和绿辣椒，翻炒几秒，关火。

把煮好的米饭放进大号搅拌碗里，倒入调好味的油，小心搅拌，混合均匀。

加入酸奶、盐、胡椒粉和肉桂粉，搅拌均匀，冷却到适合吃的温度。吃之前在上面撒一些香烤杏仁。

5

完美的甜品

甜蜜的饭后餐食

藏红花杏仁酥皮布丁

杏仁略带一点儿苦味，藏红花则是甜甜的，两者完美地融合在一起，避开了无法掩盖的辛辣和幽幽的果香。这道布丁很容易做，有宫廷御膳的优雅，也有打发蛋白的柔软，这些都会让你的手艺显得非常棒。

- 5 株藏红花
- 750 毫升全脂牛奶
- 200 克布丁米，淘洗并沥干
- 400 毫升高脂浓奶油
- 150 克砂糖
- 1 汤匙杏仁香精
- 3 个鸡蛋，取蛋白
- 3 汤匙微微烤过的杏仁

将烤箱预热到中高温度。

把藏红花放进烤盘里烤 2 分钟。把烤好的藏红花切碎，倒进牛奶里。

把布丁米和三分之二的奶油放进厚底锅里，用中火炒 2~3 分钟，搅拌均匀。

向锅里加入牛奶和 2 茶匙糖，继续用小火煮 10~15 分钟，至米粒变软，锅里的液体被全部吸收。把剩下的奶油和杏仁香精一起加入锅里。

将蛋白放在没有油脂的碗里，快速搅拌，直至挑起蛋白能形成软软的尖峰。加入剩下的糖，继续搅打，直至蛋白不再流动。

把杏仁米饭布丁倒进耐火的蛋糕模具，在每个布丁上面抹一些打发的蛋白。入烤箱再烤 3~5 分钟，至顶上的蛋白变成黄色，然后在每个布丁表面撒一些杏仁即成。

姜味酥皮杧果酥皮甜点

4~6 人份
准备时间：15 分钟
烹饪时间：30 分钟

如果没有辣椒，这可能会做成一道甜得发腻的蛋奶沙司。但是它们宽容地接纳了辣椒的辛辣，使这道甜品增添了一种刺激的口感，从而大受欢迎。这道酥皮甜点香醇可口的秘诀就在于使用了阿方索或凯萨罐装杧果果浆，我强烈推荐你尝试一下，这可是亚洲厨房顶级甜品的秘诀。

· 100 克砂糖
· 3 个杧果，取果肉切成丁
· ½ 个菠萝，取果肉切成丁
· 5 厘米新鲜生姜，削皮切碎
· 400 克阿方索或凯萨罐装杧果果浆
· ½ 个红色朝天椒，去籽，细细切碎
· 1 个青柠，剥皮磨碎，果肉榨汁
· 45 克无盐黄油
· 少许奶油或冰激凌

酥皮
· 50 克米粉
· 175 克面粉
· 100 克无盐黄油
· 少许盐
· 75 克红糖
· ½ 茶匙肉桂粉
· 50 克杏仁或腰果，粗粗拍碎

将烤箱预热至 220℃。

取一个厚底煮锅将糖加热化开，待变成浅棕色时，加入杧果和菠萝块、生姜、杧果果浆、辣椒、柠檬碎皮、柠檬汁，轻轻搅拌，逐次加入黄油，每次加一小块。

用中火加热 2 分钟，使锅里的汤汁变得像糖浆一样黏稠。关火，把锅里的混合物倒入耐热的烤盘中。

把除坚果以外的所有材料放到食物料理机里，充分混合，得到像面包屑一样的混合物。

把混合物倒入碗中，搅拌入杏仁或腰果。你可同时加入杏仁和腰果两种坚果，也可只加一种。

把含有坚果的碎屑撒在水果上面，入烤箱烤 20~25 分钟，直到表面变得金黄且开始冒泡。此甜点要趁热吃，搭配奶油或冰激凌真的棒极了。

布 丁 米

　　这是一个英国特有的概念。这些胖胖、圆圆、有光泽的米粒看起来和西米差不多。什么样的米适合做布丁呢？包装袋上写有"布丁米"的米基本上是短粒白米，并不特指某种米。我们很容易就可以认出，这些米具有光滑、光泽度好、形圆的特点，像珍珠一样。除了英国，在其他地区并没有"布丁米"这样的称呼。

　　我想，正是因为"布丁米"的香甜，英国人才将这些普通的短粒米称之为"布丁米"。它们配得上这个骄傲的称呼，因为这种又短又圆的米粒可以用糖或牛奶做出美味甜品。除非食谱要求使用完全不同的大米，否则做米制甜品时，我都会使用"布丁米"。

　　对于做甜品，不同地区的人喜欢用不同的米。印度人爱用细长的针状巴斯马蒂香米做大米布丁，就像意大利人会执着地在甜品中加阿尔博里奥奶油一样；很多东南亚人会选用糯米或寿司米做布丁。

　　下面所说的"布丁米的做法"是指怎样把它煮熟，而不是做成甜点。知道如何煮熟各种稻米是很重要的，这涉及水的用量和火力，你可以更好地理解这种稻米的特性。只有了解稻米的特性，你才能把它放到合适的菜谱中。

布丁米的做法

* 1杯米要加2杯稍多一点儿的水（190克布丁米加535毫升水）。

* 把米放入煮锅，加入适量的水，大火煮沸后改用非常小的小火熬煮，不加盖子，直至变成奶油状。或用烤箱低温烘烤约2个小时。

* 盖好锅盖，关火或从烤箱取出，静置20分钟。

杜松子柠檬乳大米布丁

这道甜品的做法十分简单。当你把这些食材放进烤箱，就可以穿上外套，去外面悠闲地散步了。当你走到家门口的时候，就可以闻到带着淡淡植物清香的诱人味道，像一束光在召唤你快点回家。

- 2 汤匙黄油
- 115 克布丁米，淘洗沥干
- 1½ 汤匙优质柠檬乳
- 500 毫升全脂牛奶
- 50 克白砂糖
- 300 毫升高脂浓奶油
- 1 汤匙软百里香叶子，去掉叶柄
- 6~7 个杜松子，轻轻压碎
- ½ 个柠檬，剥皮磨碎
- 少许杏仁味饼干

将烤箱预热至 150℃。取一半的黄油涂在大号烤盘上。

将布丁米、柠檬乳、牛奶、糖、奶油、百里香叶子、杜松子、柠檬皮混合在一起，倒在准备好的烤盘上。将剩下的黄油放在上面，烘烤 90 分钟，烤盘里的食物变凝固，呈奶油状。

搭配杏仁味饼干，冷食或热食俱佳。

4 人份
准备时间：5 分钟
不含浸泡时间
烹饪时间：1 小时

- 75 克泰国香米
- 350 毫升椰汁
- 150 毫升稀奶油或淡奶油
- 50 克椰子糖或白砂糖
- 1 茶匙黑芝麻
- 少许新鲜水果

"不说再见"泰国甜品

泰国的美食好吃得叫人停不下来，每一次我都会吃到撑得不行。当地有一家泰国自助餐厅，那里的糯米甜品经常让我将体重问题抛在脑后。当我撑得摇摇晃晃，试图回家的时候，经过了一个甜品柜台，这些椰味奶油的曼谷菱形甜点似乎在向我眨眼……很快，我又坐回到桌边。

用 175 毫升水把米浸泡一整夜。在烤盘上铺一层烘焙纸。

把香米和浸泡大米的水一起放进食物料理机里搅打，直到米粒被打碎，混合物呈流体，而不是米糊。

另取一个不粘锅，用中火将椰汁和牛奶加热。等锅里的混合物快要沸腾时，加入打碎的香米，把火调到最小，煮 10 分钟，煮的时候要不停搅拌。加入糖，再煮 15 分钟，得到黏黏的奶油状的混合物。

把不粘锅里的混合物倒入烤盘，均匀地铺开，厚约 1 厘米。稍微晾凉，放进冰箱冷却，直至烤盘里的东西变凝固。

用非锯齿刀把烤盘里的甜品切成菱形，撒上黑芝麻，和新鲜水果搭配在一起享用。

大米风靡之乡

在泰国菜中，稻米占有相当重要的地位。和亚洲很多国家一样，米饭是所有泰餐的核心。在泰语中，稻米和食物是一个词——khao。就餐即意味着吃米饭。

最著名的泰国稻米是备受赞誉、香味芬芳的泰国香米。泰国香米大量产于泰国中部平原。它们是非常温和、不黏糯的米，常用做炒饭、八宝粥和鲜美的米汤。

泰国的糯米也很出名。对我来说，糯米有非常独特的魅力。它和那些粒粒分明的米大不相同。它就像一块吸满水的海绵，口感厚重、香甜，毫无顾忌地展示自己那糟糕的吸水性。正因为如此，我才爱糯米。对我而言，泰国糯米才是稻米中的王者。它并不愿做一个温顺的陪衬者，而要做一个不谦逊的个性张扬者。从米袋中跌落的那一刻起，它甚至不会为你改变自己的形状。你必须和它角力，让它屈服。我不知道还有哪种米会让人如此费心尽力。

当糯米做成甜点，味道是很棒的。我还记得曼谷街头那些诱人的小吃，用糯米做成的可口美食，上面盖了一层烤成焦糖质感的椰肉碎，还有用香蕉、椰子、糖做成的大米甜点。

我还记得在泰国美食市场上吃到的一种小吃。它是将糯米和椰汁、香蕉、芋头混合在一起，用芭蕉叶裹住，然后在炭火上烤很长时间。这道甜品口感绵长，回味无穷。直到很久很久以后，我对那种味道仍记忆犹新，不能忘怀。

4 人份
准备时间：10 分钟
烹饪时间：25 分钟

辣椒巧克力纽扣调味饭

看到这样的口味搭配，你可能会皱起眉头，但是我的女儿们却因为这道小食更爱我。我认为这是一道治愈系美食，家庭成员之间的不愉快，往往都可用一锅融化的巧克力来解决。为了提升它的味道，我加入了一点辣椒。这种裹着黄油的烟熏炒辣椒会为这款甜点增加一抹精致的美。

- 2 汤匙无盐黄油
- ¼ 茶匙切碎的新鲜伯纳特辣椒
- 175 克意大利米，淘洗并沥干
- 600 毫升全脂牛奶
- 75 克纽扣巧克力
- 50 克砂糖
- 少许肉桂粉
- 60 毫升高脂浓奶油，再多准备一些装饰用
- 2 汤匙黑巧克力屑

将黄油放入不粘锅，用中火将黄油化开。加入辣椒，炒几分钟。加入大米，翻炒几下，使米粒表面沾满黄油。

加入牛奶煮沸，用小火煮 20 分钟。偶尔搅拌几下，我们需要非常软的米饭。

现在把纽扣巧克力、糖和肉桂粉搅拌进去，用小火加热，不停搅拌，直到巧克力完全化开。关火，加入奶油，搅拌均匀。用另外的奶油和黑巧克力屑加以装饰即可。

菠萝朗姆酒米饭布丁

4 人份
准备时间：20 分钟
不含浸泡时间
烹饪时间：2 小时

这道甜品具有加勒比风味。我第一次做这款布丁时，放了很多葡萄干，因为它们太好吃了，口感浓厚，就像咬到了太妃糖。我在这道甜品的名字上加了"菠萝"二字，因为在我看来，菠萝不仅使这道甜品颜色变得更艳丽，菠萝的香气也使甜品显得不那么甜腻。

- 4 汤匙黑朗姆酒
- 75 克葡萄干
- 1 汤匙咸黄油
- 75 克布丁米，淘洗沥干
- ½ 个小的新鲜菠萝，削皮，去心，切成小丁
- ½ 茶匙月桂粉
- 3 个完整丁香
- 1 个新鲜肉豆蔻，磨碎
- 1 块柠檬皮，磨碎
- ½ 茶匙香草精
- 90 克德麦拉拉蔗糖
- 少许盐
- 400 克罐装炼乳，加水，调成 600 毫升的稀释炼乳
- 150 毫升淡奶油

朗姆酒入锅加热至变温，浇到葡萄干上。让葡萄干在酒中浸泡至少 3 小时，如果提前浸泡一夜则更好。

烤箱预热至 150℃，在烤盘上涂少许黄油。

将米彻底洗干净，沥干，倒在烤盘上。加入菠萝、月桂粉、丁香、肉豆蔻、盐、柠檬皮屑、香草精、朗姆酒和葡萄干，搅拌均匀，铺在烤盘上。加 2 汤匙糖和盐，倒入稀释的炼乳和淡奶油，轻轻搅拌。

把剩下的黄油点在大米表面，再撒上余下的糖，烘烤 2 小时。

趁热享用或彻底冷却后冷食均可。

调味米饭布丁

4 人份
准备时间：10 分钟
不含浸泡时间
烹饪时间：35 分钟

这是一道非常受欢迎的印度甜品。在做这道甜品时，我妈妈总是肆无忌惮地用液体黄油来翻炒调料。我必须承认，用黄油爆锅是这道甜品的关键步骤，只有这样，做好的米饭布丁才会有香甜的坚果口感。使用完整的调料是为了使调料散发的香味更清淡。当然，如果你希望得到浓郁的香味，可以使用磨碎的香料。做这道布丁甜品最好使用印度香米，而不是布丁米。

- 100 克印度白香米，淘洗沥干
- 2 汤匙无盐黄油或液体黄油
- 1 条肉桂棒
- 1 只完整的八角
- 1 升全脂牛奶
- 300 毫升奶油或淡奶油
- 4 茶匙黄糖
- ¼ 茶匙豆蔻粉
- 1 汤匙杏仁片

把香米放在热水中浸泡 10 分钟，使大米有更好的吸水性，淘洗并沥干。

用中火把厚底锅中的黄油加热，加入肉桂条和八角爆锅，然后加入大米。轻轻翻炒 1 分钟，使米粒表面沾满黄油。

加入牛奶、奶油、糖和豆蔻粉，用极小的火熬煮，偶尔搅拌几下。这样熬煮至少 30 分钟，直至布丁变成奶油状，米粒已经煮烂。

将杏仁放进干燥无油的平底锅，搅拌，用中火烘烤 1~2 分钟，直至杏仁变得金黄。

撒上烤杏仁，冷食或热食均可。

法式焦糖蜜桃烤布蕾

香喷喷的泰国香米、奶油似的椰汁和沁人心脾的香草，带来三重美味，再加上桃子的鲜美，使这道甜品色味俱佳。用这种方法处理蜜桃，可以使桃子更香甜，保持桃子的色泽和鲜美。

· 100 克泰国香米或其他短粒米

· 800 毫升椰汁

· 3 汤匙黄糖

· 少许盐

· 2 滴香草精

焦糖蜜桃

· 3 个水蜜桃，削皮去核

· 2 汤匙无盐黄油

· 30 克赤砂糖或红糖

表面调味

· 8 汤匙砂糖

提前将米放入冷水中浸泡 4 小时，淘洗沥干。

把所有的主要食材放进厚底煮锅，大火煮沸后改小火熬煮成黏稠的粥。熬煮过程中要偶尔搅拌，防止粘锅。这个过程通常需要约 30 分钟。待锅里的米煮熟，关火。

在碗上放一个滤网，在滤网上将蜜桃切成小块，这样桃汁就会收在碗中。

用中火把不粘锅里的黄油加热，当黄油变热但还没有冒烟时加入蜜桃块煎炒，使它们发出"嘶嘶"的响声。果肉里的汤汁逐渐析出并开始变得黏稠。这个过程一般需要 2~3 分钟。

在蜜桃上撒赤砂糖或红糖，继续煎炒，使汤汁更黏稠。待糖微微焦糖化，约 1 分钟后，改大火翻炒蜜桃，炒约 1 分钟，直到汤汁非常黏稠。

在上桌前，将焦糖蜜桃搅拌到粥里，然后盛到 4 个耐热的小烤盘里，在每份粥表面均匀地撒上 2 勺砂糖。在糖还没有化开的时候，立即用厨用喷枪烤灼一下，或者将小烤盘放在预热好的烤架下，将糖烤至冒泡并变成金黄色。

香蕉糊布丁

4 人份
准备时间：25 分钟
烹饪时间：30 分钟

· 170 克米粉
· 55 克玉米淀粉
· 4 根熟透的香蕉
· 700 毫升椰汁
· 200 克红糖
· 少许盐
· 175 克液体蜂蜜
· 100 克无盐黄油，切成方块
· 100 毫升高脂浓奶油或鲜奶油

不要期望这道甜品像太妃糖一样浓醇。这道甜品是印度尼西亚蒸布丁，口感和颜色都很清淡，精致且细腻。这道甜品看起来温暖金黄，就像洒上了一层印度尼西亚的阳光，没有人能抵抗这种精美。香蕉和椰汁使布丁口感柔软。西方惯用的白色餐具和这道浅色甜品非常不搭，会破坏这道甜品的精致。从这一点看，或许我们可以试着理解，为什么芭蕉叶在东方那么受欢迎。

将米粉、玉米淀粉和 3 根香蕉混合在一起，用 100 毫升椰汁搅拌成均匀的面糊。

将余下的椰汁倒入厚底锅中，用小火加热，倒入一半的糖，不断搅拌，直至糖完全溶解。倒入香蕉面糊，搅拌均匀。

将一半的黄油化开，在 4 个耐火模具内部刷一层黄油。

将剩下的香蕉切成圆片，将香蕉片分别放在准备好的模具里，倒入面糊。用涂过油的锡箔纸包住。

在大号炖锅里放一个金属架，将模具放在金属架上。倒入开水，水量到模具高度的一半。盖好锅盖，用小火煮 30~45 分钟，直到布丁变凝固。

同时，将蜂蜜和剩下的糖混合放入一个小锅中，用中火加热，直到锅里的液体轻微焦糖化。加入奶油和剩下的黄油，熬成均匀的黏汁。

翻转模具，把布丁倒入餐盘里。我喜欢把蜂蜜汁浇在布丁表面。

4 人份

准备时间：30 分钟

不含浸泡时间

烹饪时间：20 分钟

浪漫玫瑰香米布丁

这是一道被称为"phirni"的印度甜品。它是由米糊做成的浓稠的米饭布丁，质感和牛奶冻差不多。"phirni"很可能是随着莫卧儿帝国的入侵者从波斯传入印度的。莫卧儿人懂得享受生活，他们修建了宏伟的皇陵来纪念平凡的爱情。在他们眼中，玫瑰花瓣就像我们眼中的地毯清新剂。在皇室公主踏上大理石游廊之前，他们会在上面撒满玫瑰花瓣。我之所以絮絮叨叨和你说这些无关的话题，是想让你理解，在东方的菜肴中添加玫瑰花瓣，并非矫揉造作，而是一种自然而然的行为，就像我们伸手从橱柜里拿一瓶桃子罐头一样。

- 50 克印度白香米
- 1 升牛奶
- 175 克砂糖
- 4~6 汤匙玫瑰露（或 1~2 汤匙玫瑰水加 1 汤匙糖）
- 3 个绿色小豆蔻豆荚，从里面剥出籽，磨碎（可选）
- 玫瑰花瓣和开心果片各 1 把

用 4 汤匙水将米浸泡 1 小时左右。

把米沥干，用食物料理机研磨成细腻的米糊。如果你喜欢的话，在研磨过程中加入一点儿牛奶，使研磨更润滑。等米糊磨好，加入 240 毫升牛奶，放到一边备用。

现在把余下的牛奶和砂糖放入厚底锅中，用中火煮沸，不断搅拌。加入玫瑰露，混合均匀。

锅中再加入米糊，不断搅拌，确保不会结成小疙瘩。我们要使锅里的材料混合均匀并开始变黏。把火调小，不断搅拌，直到锅里的材料开始沸腾，并达到蛋奶糊的黏稠度。这个过程需要 12~15 分钟。

如果准备了豆蔻的话，加入豆蔻并搅拌均匀。关火，使混合物冷却到室温。偶尔搅拌，使表面不要形成膜。

同时，在准备盛放甜品的玻璃容器内撒些玫瑰露，然后把米糊盛到玻璃容器里，放到冰箱内冷藏。

在享用之前，撒上一些玫瑰花瓣和开心果片。

开心果煎饼配八角浇汁

4 人份
准备时间：20 分钟
不含冷却时间
烹饪时间：50 分钟

开心果煎饼是非常典型的土耳其美食。它的味道让我想起华美的餐厅、金色的吊灯和雪白的桌布。

- 225 克煮熟的印度香米
- 60 克砂糖
- 240 毫升全脂牛奶
- 300 克米粉
- 2 茶匙发酵粉
- 1 汤匙葵花子油，再多准备一些用来煎饼
- 175 克开心果，磨碎

开心果 & 八角浇汁

- 20 个干无花果
- 3 汤匙白葡萄酒醋
- 400 毫升水
- 3 个八角
- 2.5 厘米新鲜生姜，削皮切碎
- 1 条肉桂棒
- 1 茶匙海盐
- 250 克砂糖

把米饭、糖、牛奶、发酵粉和油入碗中混合，用电动搅拌机搅拌 2 分钟。加入磨碎的开心果，充分混合。

在一个大号煎锅上涂一层油，用中火加热。向煎锅上倒一小勺面糊，等到下面变成金黄时迅速翻面，把另一面也煎至金黄。每面大约需要煎 2 分钟。将做好的煎饼放入低温烤箱保温，然后用同样的方法做余下的煎饼。我们大约要做 12 个煎饼。

把所有做浇汁的材料放入厚底锅中，用中火煮沸，改小火熬煮，直至变得像糖浆一样。倒入碗中，自然冷却。把里面的八角和肉桂棒挑出来丢掉。

把煎饼摞在一起，浇上一勺开心果和八角浇汁就可以享用了。

韩国糖粉面包

制作量：24 个糖粉面包

准备时间：40 分钟

烹饪时间：15 分钟

这些个头小小的面包香甜可口，简单易做，只要严格地按照食谱制作就可以了。黑巧克力和姜末的味道都很强烈，让这些小面包更加香醇。因为里面的馅料并不是那么甜，所以油炸后再撒上糖粉是非常必要的。当香甜的面包遇上甜姜茶，那是一种惊艳的味道。

- 500 毫升菜籽油或葵花子油
- 2 汤匙砂糖或细砂糖

面团
- 500 克糯米粉
- 80 克自发粉
- ¼ 茶匙盐
- 1½ 汤匙化开的黄油

巧克力酱夹心
- 225 克黑巧克力，拍成碎屑
- 180 毫升高脂浓奶油
- 1 茶匙姜末
- 1 汤匙黄油
- 2 块干姜，切成小丁，泡在糖浆里
- 少许甜姜茶，搭配甜甜圈吃

把巧克力放在碗里，将奶油和姜末放进锅里煮沸，倒在巧克力上，搅拌成均匀的巧克力糊，拌入黄油。如果想要把巧克力糊保持温热，就把装有巧克力糊的碗放在装着开水的大碗里，小心不要让水进入碗内。加入干姜，搅拌均匀。

把面粉撒入大碗里，加入盐、化开的黄油和 480 毫升热水，把所有的材料混合均匀，揉成一个大面团，放到一边醒面。

把巧克力酱从冰箱里取出，检查巧克力酱是否足够凝固，以能够用勺子挖出为佳。揪一块高尔夫球大小的面团，用手掌揉成一个小球。面球要足够大以包住夹心。在面团上盖一条湿擦盘巾，防止表面变干。重复该步骤，做出剩下的面包。

用两手的拇指在面团上压一个小坑，在每个面团的中央放半茶匙的巧克力酱，小心地把面团捏捏口包紧。压一下面团，确保面皮密封好。把它们放在烤盘上，放回冰箱冷藏，油炸之前再拿出来。

把油倒入宽底炒锅中，用中高火加热。向锅中扔一个豌豆大小的面团来测试油温。当小面团表面出现很多气泡并浮到油锅上面时，油温就合适了。这时，小心地把面团放进油锅里，每次4~5 个，直到炸至金黄。油炸的时候，用金属漏勺轻轻推动面团，避免它们粘连在一起。

等所有的面包都炸好，将面包放在糖粉里滚一滚，冷却几分钟后就可以享用了。

今天你吃米饭了吗？

　　和泰国一样，大米也是韩国料理的核心。分享这样一个事实，韩语中"米饭"这个词也用来概指餐点或食物。韩国人通常不是问"吃饭了吗"，而是问"吃米饭了吗"。

　　米饭是大多数韩国人的主食，几乎每一餐都会出现大米的身影。在韩国，大米通常是单独烹饪的，但是偶尔它也会和其他米一起煮，如小米或大麦。它也会和栗子及各种豆子放在一起煮。韩国人经常把大米做成米粥，给老人或身体虚弱的人吃。

　　韩国拌饭是韩国最著名的美食之一。拌饭就是一碗米饭上面盖满各种各样的蔬菜、肉类和美味的溏心煎蛋。在这本书里，我收录了一个拌饭食谱——牛腩石锅拌饭（见82页）。第一次吃到这种美食是在我去韩国旅行的时候。当时我正四处寻觅美味，突然发现了"嘶嘶"作响的厚厚石锅，顿时让我感到很温暖。深色的石锅和颜色明丽的食材形成鲜明的对比。我还记得自己当时一直追问服务员，我该怎么吃。她拿来一瓶甜辣酱，挤在上面，然后拿起精致的金属汤匙，把精致得像艺术品的食物搅拌得一团糟，简直惨不忍睹。最后她向我打手势，表示"现在可以吃了"。当我吃到石锅底部的焦焦的米饭、甜甜的辣酱、溏心煎蛋以及显得完全多余的肉时，我立刻爱上了它。我开始为这道"惨遭蹂躏"的美食所着迷。谢天谢地，韩国料理在英国也很流行。

6 人份
准备时间：45 分钟
不含冷却时间
烹饪时间：1 小时 15 分钟

· 115 克泰国香米，淘洗沥干

· 1 根香茅枝

· 500 毫升全脂牛奶

· 100 克砂糖

· 大量豆蔻荚

· 1 片月桂叶

· 150 毫升鲜奶油

· 1 茶匙新鲜压榨的柠檬汁

· 3 个鸡蛋，蛋清、蛋黄分离

柠檬味糕点上装饰配料

· 120 毫升高脂浓奶油

· 75 克低脂软奶酪或夸克干酪

· 半个柠檬，剥皮磨碎，果肉榨汁

· 1~2 汤匙砂糖

· 少许优质黑巧克力，切成碎屑

香茅柠檬芝士蛋糕

这款蛋糕就像芝士蛋糕世界里面的曲奇冰激凌。大米搭配大量的奶油，香茅和柠檬皮屑浮动的香味，使稻米的清香和奶油的甜美融合在一起。

将香米放入煮锅，加入足量的盖住大米的水，用大火煮沸，保持沸腾 3 分钟。沥干水，放回干燥的锅中。

用刀背把香茅碾碎，确保里面的纤维组织露出来。把牛奶、一半的糖、豆蔻荚、月桂叶、香茅添加到香米里，大火煮沸，改小火熬煮 20 分钟，自然冷却。挑出豆蔻荚、香茅和月桂叶，把米倒入大碗中。

将烤箱预热至 180℃。在直径 23 厘米的圆形蛋糕深烤盘上涂一层油，铺好锡箔纸。

在煮好的香米中加入奶油、柠檬汁、蛋黄和余下的糖，搅打均匀。

用干燥无油的碗把蛋清打发，直至形成柔软的尖峰。将打发的蛋清倒入香米混合物中，充分搅拌。将混合物盛到准备好的烤盘中，烘烤 45~50 分钟。我们要等烤盘里的蛋糕变高，并变成金黄色。刚烤出来的蛋糕中心非常软，不要担心，冷却之后，蛋糕会变硬的。冷却一整晚后，把蛋糕从烤盘里取出来。

现在装饰蛋糕表面。把奶油打发，直至不能流动。加入软奶酪、柠檬皮屑、柠檬汁和砂糖。将奶油混合物满满堆在蛋糕上表面，用黑巧克力屑加以装饰，再撒些磨碎的柠檬皮即成。

白巧克力香橙谷片糕

4人份
准备时间：20分钟
不含静置时间
烹饪时间：10分钟

有人说，看到白巧克力自然会想到柠檬。不过，对我而言，白巧克力会让我想起少年老成的金发牛仔邂逅甜蜜凝乳的奇遇。脐橙和青柠皮碎屑的优雅使这道甜品更具成熟、从容的品格。使用金色的糖浆，亦可使人感到愉悦。棉花糖把我带回那个洒满阳光的斯克尔斯代尔的街头，使我在做这道甜品的时候，内心充满了愉悦。

- 2汤匙黄油，再额外多准备一些，用来涂烤盘
- 175克迷你棉花糖
- 45克白巧克力碎片
- 1个脐橙，剥皮磨碎
- 1汤匙新鲜压榨的橙汁
- 70克香脆稻米谷片（crispy ricecereal）
- 防粘喷雾
- 半个青柠，剥皮磨碎
- 50克白巧克力

用小火将厚底锅里的黄油化开，加入棉花糖，搅拌至完全融化。关火，加入白巧克力碎片、大部分碎橙皮和橙汁，搅拌均匀。添加脆稻米谷片，使所有材料混合均匀。

在18厘米的正方形烤盘上涂一层黄油，用防粘喷雾处理橡胶抹刀。将厚底锅里的混合物倒在烤盘上，用奶油抹刀均匀地平铺在烤盘里。将烘焙纸压在上面，放进冰箱冷藏至少2小时。

撒入白巧克力碎屑、脐橙皮碎屑和青柠皮碎屑，切成黏黏的长方形甜点。

覆盆子米糕

6~8 人份

准备时间：45 分钟

烹饪时间：20 分钟

因为我的儿时好友有麸质不耐受症（乳糜泻），所以在我童年时期，和她一起吃过各种创意的美味米糕。在各种不使用小麦面粉做成的甜品中，覆盆子米糕是我最喜欢的食物之一。杏仁的清脆和覆盆子的口感配合完美，使奶油下细腻湿润的蛋糕更诱人。我其实很喜欢在米糕还未凉透的时候就吃掉它——比如刚刚从北爱尔兰科尔雷恩农舍烤箱里端出来的米糕。就是在那里，我第一次吃到这道甜品。等米糕凉透，上面的奶油可以变幻很多美丽的花样。

米糕

· 少许黄油

· 100 克布丁米或短粒米，淘洗沥干

· 350 毫升全脂牛奶

· 少许肉桂粉

· 2 个鸡蛋

· 8 汤匙砂糖

· 110 克磨碎的杏仁

覆盆子糕点装饰

· 450 克新鲜覆盆子

· 1 汤匙砂糖

将烤箱预热至 180℃，把黄油涂在直径 23 厘米的圆形烤盘上，铺上烘焙纸。

将大米放进厚底煮锅，加入牛奶和肉桂粉，大火煮沸后改中火继续煮 30 分钟，直到锅里的牛奶被完全吸收，放到一边冷却。

把鸡蛋和砂糖放进一个干净的玻璃碗中，彻底搅拌，把鸡蛋打出泡沫。加入杏仁，搅拌均匀。

将蛋液倒入煮好的米中，搅拌均匀，倒入烤盘。加入一半新鲜的覆盆子，均匀地撒在烤盘里。

在烤箱中烘焙 30 分钟左右，直至米糕开始变得金黄且稍变硬。

把米糕从烤箱中取出，等米糕稍稍晾凉，在上面扣一个大号餐盘，然后翻转过来，使米糕扣在餐盘中。取走烘焙纸，让米糕自然冷却。

在食用之前，在米糕上涂一层鲜奶油。把剩余的覆盆子摆在米糕上，让米糕充满夏日气息。

匈牙利柠檬葡萄干米糕

这道米糕甜品蓬松且充满牛奶的香味。柠檬碎皮使米糕香甜柔软的口感更鲜明。最好等它凉了以后再吃，然而在我们家，常常是还没等到米糕晾透，大家就抢着把它吃掉了。

- 2 汤匙咸奶油，再多准备一些涂在烤盘上
- 1 升全脂牛奶
- 200 克布丁米或长粒白米，淘洗沥干
- 少许盐
- 4 个大鸡蛋，蛋清、蛋黄分离
- 75 克砂糖
- 150 克葡萄干
- ½ 个柠檬，剥皮磨碎
- 少许奶油（可选）

将烤箱预热至 180℃。在直径 23 厘米的浅蛋糕烤盘或陶瓷烤盘上轻轻涂一层黄油。

将牛奶、大米和盐放入厚底锅中，中火煮沸后转小火煮 30 分钟左右，直至锅里的大米牛奶呈奶油状，米粒变软。关火，搅拌进黄油，自然冷却到室温。

取一个干净的玻璃碗，放入蛋黄、糖、葡萄干、柠檬碎皮混合在一起。将搅拌好的蛋黄倒入米饭布丁，搅拌均匀。

取一个大号搅拌碗，入蛋清打发，直至形成尖峰。将四分之一的蛋清加入大米和蛋黄的混合物中搅拌均匀。轻轻地倒入余下的蛋清，混合均匀，确保混合物里的空气不会跑掉。

将上步骤中制成的混合物倒入准备好的蛋糕烤盘，放进烤箱烤 45 分钟左右，直到米糕表面变得金黄。

将米糕从烤箱中取出，自然冷却。将米糕从烤盘中倒出，撒上砂糖，也可以在上面涂奶油。趁热享用或冷藏后享用。

梨子杏仁米粉蛋挞

这是一道典型的法国甜品，是法国多尔多涅河地区招待客人的招牌消夜。不管你身在何处，吃一口这道甜品，就会把你带回多尔多涅河。法国的甜品中使用的也是梨，但是你也可以使用李子、蜜饯姜或其他浆果来代替。只要你掌握了做面饼的方法，那么就可以随心所欲地创造属于你的米粉蛋挞了。

- 115 克无盐黄油，再额外多准备一些，用来涂烤盘
- 115 克砂糖
- 2 个鸡蛋
- 4 滴杏仁精
- 75 克自发粉
- 50 克米粉
- 4 个成熟的梨子
- 1 茶匙柠檬汁
- 2 汤匙黄糖
- 25 克杏仁片
- 少许果酱、鲜奶油或奶黄

将烤箱预热至 180℃。在直径 25 厘米的蛋糕盘或馅饼盘上涂少量黄油。

把黄油、砂糖一起放进大号玻璃搅拌碗里，搅成松软的奶油状。把鸡蛋打入碗中，加入杏仁精、自发粉和米粉，充分混合。用勺子将面糊挖到准备好的烤盘上。

将梨削皮，每个梨四等分。先把切好的梨放进柠檬汁上滚一滚，再放到红糖上滚一滚。把梨块摆在烤盘里，轻轻压进面糊中，烤 10 分钟。将杏仁片撒在面饼上，继续烤 25 分钟，直到表面变成漂亮的金黄色，边缘变成焦黄色。

搭配美味的果酱、鲜奶油或奶黄，味道简直棒极了。

薰衣草爱心饼干

制作：16 块饼干
准备时间：20 分钟
不含冷却时间
烹饪时间：20 分钟

这是一道充满浪漫的甜点。当米粉遇上薰衣草，就像傲慢粗犷的男子被柔美的女子征服了一样。使用米粉可以使饼干更脆，心形的形状让人赏心悦目。

- 225 克软化的无盐黄油
- 125 克香草糖，再额外多准备一点儿，用来撒在饼干上
- 50 克米粉
- 300 克面粉，再多准备一些，用作手粉
- 2 茶匙食用薰衣草干花
- ¼ 茶匙干百里香

将黄油和糖一起放进大号搅拌碗中，搅成奶油状。

筛入面粉，加入薰衣草花和百里香轻轻搅拌，搅得跟面包屑一样。将双手沾上面粉，把面粉混合物搅拌成面糊。在案板上撒些手粉，将面糊揉成光滑的面团。用保鲜膜将面团包好，放到冰箱里冷藏 15 分钟，使面团变硬。在等候的时候，在两个大号烤盘中铺好烘焙纸。

在案板上撒少许手粉，将面团擀成厚约 5 毫米的面饼。用心形模具在面饼上切出心形饼干，放在烤盘上，撒上多准备出来的糖。

将饼干放进冰箱冷藏 20 分钟。

将烤箱预热至 180℃。

烘烤 15~20 分钟，饼干变成金黄色。

将烤好的饼干放在冷却架上，最后再撒上一些糖。等饼干完全冷却后就可以享用了。

黑　米

黑米是一种短粒米，略带坚果味，烹煮时所表现出来的性质和糙米差不多。黑米口感稍黏糯，非常适合用来做甜点——呈奶油状，松软可口，常常带给人不可思议的味道。用黑米做的甜点——椰香黑米冰糕（见下页），味道就非常美妙。事实上，黑米还被称为"贡米"，这个称呼使黑米显得更加诱人。

最新的一项研究表明，黑米是营养价值超高的稻米，对身体有益。它富含花青素、维生素 E、抗氧化素、纤维和氨基酸，绝非徒有漂亮的外表。

黑米也确实很漂亮。煮熟的黑米会变成深紫色，因此，黑米常被用来制作精美的甜品。作为糯米的一种，黑米可以用来制作多种甜品，特别是那些带馅料的甜点。黑米可以为暗淡无味的食物增添漂亮的色彩和馥郁的味道。切记，千万不要把黑米和菰米弄混。黑米就像米中的贵族，而菰米则像浪荡的花花公子，不过，两者确实存在某种亲缘关系。如果有时间的话，建议最好将黑米浸泡之后再烹煮。

黑米的烹煮方法

* 1 杯黑米要加 2 杯水（190 克黑米加 480 毫升水）。

* 用冷水将黑米浸泡至少 2 个小时，最好提前泡一整夜，然后沥干。

* 将黑米放在滤锅里，在流动的冷水下淘洗，直到流出的水变清，沥干。

* 将黑米放入煮锅，加入适量的水煮沸，不盖锅盖。如果黑米是提前浸泡过的，保持滚沸 30 分钟；如果是未浸泡过的，保持沸腾 1 小时左右，直到锅里的水被吸干，留下坑坑洼洼的表面。

* 盖紧锅盖，关火，闷 20 分钟。

椰香黑米冰糕

带黑米颗粒的布丁冰糕，听起来就有些奇怪。可我真的很喜欢这道口感、质地和色彩均形成强烈冲击的甜品。这道甜品吃起来十分甜蜜，就像单向（One Direction）乐队的音乐一样让人着迷……总之，我太爱它了！

黑米糕

· 200 克黑米
· 1 茶匙香草精
· ¼ 香兰荚或豆荚，纵向分开
· 1 汤匙蜂蜜
· 1 个鸡蛋，取蛋白部分
· 少许柠檬片或菠萝片

调味汁

· 400 毫升椰汁
· 100 克砂糖
· 2 汤匙柠檬汁
· 1 汤匙黑朗姆酒

就和平时烹饪黑米一样，在做这道甜品之前，我们要做一些准备工作。将黑米用自来水淘洗两三次，直至流出的水是清的。将黑米放进碗里，加入足以覆盖黑米的水，放入冰箱，浸泡一整夜（或者至少 8 小时）。

将浸泡黑米的水倒掉，把黑米放入炖锅，加入 480 毫升温水、香草精、香兰荚或豆荚。大火煮沸之后盖上锅盖，改小火熬煮约 20 分钟，直到锅里的水几乎全被吸干，黑米变软。

加入蜂蜜，搅拌均匀，关火，放到一边冷却。

在煮黑米的时候，将做调味汁的所有材料放进煮锅，混合均匀，用中高火煮沸。当锅里的调味汁刚沸腾，关火，放到一边冷却到 5℃ ~ 8℃，或者冷却到室温。

等米饭和调味汁都冷却下来，用无油干燥的碗将蛋白打发，直至形成松软的尖峰。将打发好的蛋白倒入调味汁中，最后加入米饭。如果锅里还有汤汁，也一起加入，混合均匀。将混合好的米饭放进冰箱冷冻 1 个小时。用手动搅拌器将部分米饭打碎。我们希望得到米糊，所以只打碎部分黑米即可。将混合物再放进冰箱，冷冻 30 分钟，再重复搅拌过程。在冰糕冷冻的过程中，不时搅拌，黑米混合物会均匀地分布在甜品中。每半个小时搅拌、冷冻一次，直到混合物达到冰糕的黏稠度，通常需要 3~5 小时。

挖几勺冰糕，放进玻璃容器或蛋糕杯中，在上面装饰一片柠檬或一片菠萝。

覆盆子紫苏叶乳酪奶油冻

4~6 人份

准备时间：45 分钟

不含冷却和冷冻时间

烹饪时间：15 分钟

这其实是一份低热低脂的冰激凌食谱。第一次品尝到紫苏和岩盐的组合，是在一家米其林星级餐厅，我一下子就爱上了这种味道。从那以后，我就一直不能忘怀。

· 500 克新鲜覆盆子

· 150 克砂糖

· 1 小把紫苏，将叶片和茎都切成细丝，尽量切成最细

· 75 克意大利米（最好是艾保利奥米），淘洗沥干

· 250 毫升全脂牛奶

· 250 克乳清奶酪

· 500 克优质新鲜奶油冻

· 1 茶匙岩盐晶体，装饰用（可选）

在大碗上放一个细眼滤网，把覆盆子捣碎，使果汁流到碗中。加入 50 克砂糖和切成细丝的紫苏，搅拌均匀，在室温条件下放置 30 分钟，偶尔要搅拌一下，使糖溶解得更彻底。

将大米和牛奶放入煮锅，用中火煮沸，不断搅拌，然后把火调小。盖好锅盖，煮 10 分钟，煮的过程中要搅拌，直到大米被煮熟。关火，放到一边闷 15 分钟。

在另一个小锅中加入余下的糖和 100 毫升水，小火加热，将糖化开。把火调大，煮沸 1 分钟，放置冷却。

将乳酪、奶油冻、覆盆子和紫苏混合物与上一步中制成的糖水一起放入碗中，搅拌均匀。加入煮熟的米饭，混合均匀。将制好的混合物倒入冷冻容器，放入冰箱冷冻，直到米饭混合物周围开始变凝固。这个过程通常需要 2~3 小时。

将奶油冻从冰箱中取出，搅拌，把所有的冰晶都打碎。把奶油冻放回冷冻室，重复上一步骤，但是这次要让奶油冻几乎完全冻成固态。要么快速搅拌，要么将奶油冻刮到碗中，用力把较大的冰晶打碎。放回冰箱冷冻，直至完全冻结。

在食用前 30~45 分钟，将奶油冻从冷冻室移到冷藏室，使其软化。将奶油冻挖到玻璃餐具中，加一片紫苏进行装饰，再加入一点岩盐，使甜品变得更生动、富有生气。

青柠木槿花冰冻果子露

4 人份
准备时间：5 分钟

· 500 毫升米浆

· 2 汤匙高脂浓奶油

· 140 克细细研磨的杏仁

· 60 克杯糖霜或糖粉

· 4 汤匙木槿花糖浆

· 1 个青柠，剥皮磨碎，果肉榨汁

· 少许冰

冰冻果子露是非常受欢迎的凉爽饮品。它营养丰富，外表漂亮。里面加有冰块，一方面使饮料非常凉爽，另一方面能减少果子露的含量。炎炎夏日，在吃完清淡的餐点之后，来一杯冰爽的果子露，舌尖上留下木槿花糖浆的甜味，再加上青柠的酸味，真的令人回味无穷。木槿花糖浆在很多超市都可以买到，装在罐子里，花朵漂浮在上面，非常漂亮。

将米浆、奶油、磨碎的杏仁、糖霜、木槿花糖浆和青柠汁放入搅拌机中，搅打 1 分钟左右，使其混合均匀、口感细腻。

做成加冰的大杯饮料，在上面撒一点点磨碎的青柠皮就可以畅饮了。

4 人份

准备时间：5 分钟

- 500 毫升米浆
- 2 汤匙高脂浓奶油
- 140 克细细研磨的杏仁
- 60 克杯糖霜或糖粉
- 4 汤匙木槿花糖浆
- 1 个青柠，剥皮磨碎，果肉榨汁
- 少许冰

青柠木槿花冰冻果子露

　　冰冻果子露是非常受欢迎的凉爽饮品。它营养丰富，外表漂亮。里面加有冰块，一方面使饮料非常凉爽，另一方面能减少果子露的含量。炎炎夏日，在吃完清淡的餐点之后，来一杯冰爽的果子露，舌尖上留下木槿花糖浆的甜味，再加上青柠的酸味，真的令人回味无穷。木槿花糖浆在很多超市都可以买到，装在罐子里，花朵漂浮在上面，非常漂亮。

　　将米浆、奶油、磨碎的杏仁、糖霜、木槿花糖浆和青柠汁放入搅拌机中，搅打 1 分钟左右，使其混合均匀、口感细腻。

　　做成加冰的大杯饮料，在上面撒一点点磨碎的青柠皮就可以畅饮了。